高等职业教育"十二五"规划教材
高等职业教育自动化类专业规划教材

传感器选型与应用

宋国翠　崔　晓　主编

朱春红　陈振华　郭艳平　黄海琴　副主编

U0282568

电子工业出版社

Publishing House of Electronics Industry

北京·BEIJING

内 容 简 介

本书主要针对工业自动化领域所涉及的常用传感器的基本原理、结构和应用技术进行了较为完整的介绍。

全书采用项目化的编写体例，主要内容包括：传感器的基础知识及传感器选型，煤矿轨道矿车质量检测、恒温供水系统的温度检测、供水管道流量监测、液位检测系统及速度检测系统，展现工业上常见的压力、温度、流量、液位、转速传感器的原理、结构、选型及应用。

本书可作为高等职业院校机电一体化、自动化及机电类相关专业的教材，也可作为相关专业技术人员的参考书。

未经许可，不得以任何方式复制或抄袭本书之部分或全部内容。

版权所有，侵权必究。

图书在版编目（CIP）数据

传感器选型与应用/宋国翠，崔晓主编. --北京：电子工业出版社，2015．9
ISBN 978-7-121-27131-1

Ⅰ．①传⋯　Ⅱ．①宋⋯②崔⋯　Ⅲ．①传感器－高等职业教育－教材　Ⅳ．①TP212

中国版本图书馆 CIP 数据核字（2015）第 215072 号

策划编辑：朱怀永
责任编辑：朱怀永　　特约编辑：王　纲
印　　刷：北京虎彩文化传播有限公司
装　　订：北京虎彩文化传播有限公司
出版发行：电子工业出版社
　　　　　北京市海淀区万寿路 173 信箱　邮编　100036
开　　本：787×1092　1/16　印张：11.5　字数：294 千字
版　　次：2015 年 9 月第 1 版
印　　次：2023 年 1 月第 4 次印刷
定　　价：26.80 元

凡所购买电子工业出版社图书有缺损问题，请向购买书店调换，若书店售缺，请与本社发行部联系，联系及邮购电话：（010）88254888。

质量投诉请发邮件至 zlts@phei.com.cn，盗版侵权举报请发邮件至 dbqq@phei.com.cn。

服务热线：（010）88258888。

前　言

以传感器为核心的检测系统就像神经和感官一样,源源不断地向人类提供宏观与微观世界的种种信息,成为人们认识自然、改造自然的有力工具。传感器被认为是现代信息技术的三大支柱之一,是各种信息检测系统、自动测量系统、自动报警系统和自动控制系统必不可少的信息采集工具,在现代科学技术和工程领域中占有极其重要的地位和作用。

本书的特点:

1. 通过设置不同的项目,介绍几种常用传感器的测量原理及应用。

2. 每一个项目的选材力求通俗、简明、实用、操作性强,同时每个项目都提供了详细的应用电路,使学生在做中学、学中做,教、学、做一体,培养学生的理论及实践技能。

3. 本书既可以作为理实一体的传感器教学用教材,也可以做实训教材,同时还可作为初学者的入门教材。

本教材参考学时为 48～64 学时。

本教材按被测量分类编排教材内容,该方法更贴近工程的实际应用。全书共有六章,分为两部分,全部采用项目化设计。第一部分,讲授传感器的基本概念及测量方法、误差分析的基础理论和测量数据的误差分析方法,对传感器的一般特性及评价方法做了理论上的分析,为后面的项目制作提供理论基础。第二部分,讲授工业常用传感器应用电路制作过程,通过煤矿轨道矿车质量检测、恒温供水温度控制系统、供水管道流量监测系统、液位检测系统及速度检测系统五个项目的设计,介绍了工业自动化上常用的压力、温度、流量、液位、转速传感器的原理、结构、选型及应用。

本书由宋国翠主编,编写第 1、2 章,并对全书统稿;崔晓任第二主编,编写第 3 章;朱春红任副主编,编写第 4 章;郭艳平任副主编,编写第 5 章;陈振华、黄海琴任副主编,编写第 6 章。

本书可作为高等职业院校机电一体化、自动化及机电类相关专业的教材,也可作为相关专业技术人员的参考书。

本书的编审工作得到了许多同行的热情帮助,并提出了宝贵意见,也得到了编者所在院校领导的关心和支持,在此一并表示衷心感谢。

由于水平有限,书中难免存在不足之处,敬请读者予以批评指正。

编　者

2015 年 6 月

目　　录

项目一

传感器的认知与选型

【学习目标】

1. 知识目标

① 掌握传感器的基本概念。
② 掌握传感器的组成框图
③ 掌握传感器的静态性能和动态性能。
④ 了解传感器的分类和发展趋势。

2. 能力目标

① 根据工艺要求选择合适的仪表；
② 能确定检测系统误差。

1.1 项目描述

假设你是一位对传感器知识一无所知的自动化专业学生，一天，老师给你布置了一个题目，让你用最短的时间了解并认识传感器，同时列举出你身边应用传感器的例子，说出它所测量的物理量。

你也许会提出一连串的问题：

1. 什么是传感器？
2. 传感器用来干什么？
3. 学习传感器知识有什么用？
4. 利用传感器如何构成一个系统？
5. 传感器有哪些类型，如何分类？
6. 传感器选型通常根据什么？
7. 涉及的有关误差的概念有哪些？
8. 传感器的标定与校准指什么？
······

1.2 相关知识

一、什么是传感器

1. 传感器的定义

传感器可以是一些单个的装置，也可以是复杂的组装体。国家标准（GB 7665—1987）中，关于传感器（Transducer/Sensor）的定义是：能够感受规定的被测量并按照一定规律转换成可用输出信号的器件或装置。狭义的定义为：传感器是一种以一定的精确度把被测量转换为与之有确定对应关系的、便于应用的某种物理量的测量装置。

这一定义包含了以下几方面意思：

① 传感器是测量装置，能完成检测任务；

② 它的输入量是某一被测量，可能是物理量，也可能是化学量、生物量等；

③ 它的输出量是某种物理量，这种量要便于传输、转换、处理、显示等，这种量可以是气、光、电量，但主要是电量；

④ 输出与输入有对应关系，且应有一定的精确程度。

2. 传感器的组成

传感器通常由直接响应于被测量的敏感元件和产生可用信号输出的转换元件及相应的调理电路三部分组成，图 1-1 所示为传感器的组成框图。

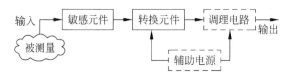

图 1-1　传感器的组成框图

敏感元件直接感受被测物理量，并对被测量进行转换输出；转换元件将敏感元件的输出转换成便于传输和测量的电参量或电信号；调理电路则对转换元件输出的信号进行放大、滤波、运算、调制等，以便于实现远距离传输、显示、记录和控制；辅助电源为调理电路和转换元件提供稳定的工作电源。

敏感元件与转换元件之间并无严格的界限。如热电偶传感器直接将被测温度转换成热电势输出，热电偶既是敏感元件，又是转换元件，不需要信号调理电路和辅助电源。如图 1-2 所示为热电偶测温仪。

有些传感器由敏感元件和转换元件组成。如图 1-3 所示的电感式压力传感器由膜盒和电感线圈组成，膜盒是敏感元件，电感线圈是转换元件。

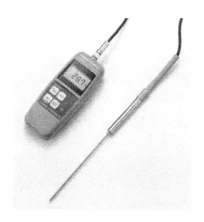

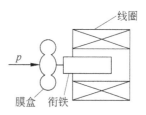

图 1-2 热电偶测温仪   图 1-3 电感式压力传感器

传感器与转换器、变送器的区别

传感器是从被检测参量中提取有用信息（通常是电量）的器件。

转换器是信号处理器（信号处理器是把检测部分的输出信号进行放大、转换、滤波、线性化处理，以推动后级显示器的工作）的一种，传感器的输出通过转换器把非标准信号转换成标准信号，使之与带有标准信号的输入电路或接口的仪表配套，实现检测或调节功能。所谓标准信号，就是物理量的形式和数值范围都符合国际标准的信号。如，4～20mA 直流电流信号、1～5V 直流的电压信号都是当前通用的标准信号。

变送器是传感器与转换器的另一种称呼。凡能直接感受非电的被测量并将其转换成标准信号输出的传感器装置就叫变送器。例如，差压变送器、电磁流量变送器等。

二、传感器用来干什么

传感器可以检测各种物理参数，通常，传感器技术主要用于两种不同的领域：一是采集信息，二是控制系统。

（1）采集信息

用于给显示系统提供一种表征当前系统状态的参数数据。如汽车的速度和加速度传感器，可用于记录车辆性能或参数变化的情况，速度记录器用于载货汽车上，用以记录速度和对应的时间。

（2）控制系统

用于控制系统的传感器通常与用于采集信息的传感器没什么不同，它是利用传感器采集的信息去控制对象。在一个控制系统里，由传感器采集的信号被输入到控制器，然后，由控制器提供一个输出以控制被测的参数。如汽车防抱死刹车系统（ABS）将来自车轮传感器上的信息用于控制作用在刹车片上的压力，保证刹车时车轮不出现滑动。

三、学习传感器有什么用

当今世界已进入信息时代，在利用信息的过程中，首先要解决的就是要获取准确可靠的信息，而传感器是获取自然和生产领域中信息的主要装置。

在现代工业生产尤其是自动化生产过程中，要用各种传感器来监视和控制生产过程中的各个参数，使设备工作在正常状态或最佳状态，并使产品达到最好的质量。如果不能给计算机的控制决策程序提供适合的、不断更新的、高质量的、关于外部系统状态的准确信息，那么，控制系统将无法正常工作。因此可以说，没有众多的、优良的传感器，现代化生产也就失去了基础。

目前，传感器已渗透到诸如工业生产、宇宙开发、海洋探测、环境保护、资源调查、医学诊断、生物工程甚至文物保护等极其之泛的领域。可以毫不夸张地说，从茫茫的太空到浩瀚的海洋，以至各种复杂的工程系统，几乎每一个现代化项目，都离不开各种各样的传感器。因此，掌握有关传感器的知识，能够根据使用说明书选择合适的装置，修理和校准现有设备中已经使用的传感器，对于技术员和工程师们来说显得尤为重要。

四、传感器如何构成一个系统

了解传感器构成的系统，可以帮助你从整体的角度认识传感器在一个系统中处于什么位置，构成系统还需要哪些其他要素，各自的功能是什么。

1．传感器系统定义

基本的传感器系统可以看作借助某种过程从不同的输入产生某种定量输出的装置。图 1-4 所示是一个以流程图的形式表示的基本系统。

2．传感器系统的分类

人们通常把传感器系统划分为三种类型，分别是测量系统、开环控制系统、闭环控制系统。

（1）测量系统

测量系统用于显示或记录一种与被测输入变量相对应的定量输出。测量系统除了以用户可以读懂的方式向用户显示之外，不以任何方式对输入产生响应。简单的测量系统可以只有一个模块，例如内装液体的玻璃管温度计（如图 1-5 所示）的工作过程。把它放在温室内用于显示温度，它直接将被测温度的变化转化为液面示值，没有电量转换和分析电路，也没有以任何方式控制温室的温度。对于这个测量系统来说，输入量就是温室内的空气传给温度计的热能，对应的输出量是温度计显示的温度（℃），最后由工人读取温度计对应的温度，这是一个单纯的测量系统。测量过程可以分成由图 1-6 所示的模块构成。

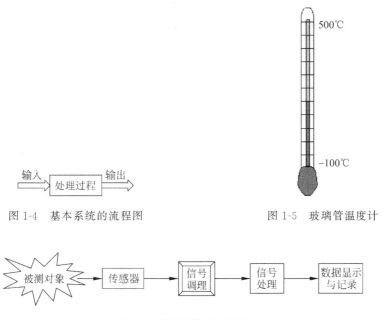

图 1-4　基本系统的流程图　　　　　　图 1-5　玻璃管温度计

图 1-6　测量系统组成模块

（2）开环控制系统

开环和闭环控制系统都是试图使被控变量保持为某预定的值。控制系统中包含了测量系统，但是它不同于纯粹的测量系统，其测量结果并不须显示给用户，而是通过其测量系统输出量调节控制系统的某一参数。

开环控制系统是一种比较简单的控制方式，在控制器和控制对象间只有正向控制作用，系统的输出量不会对控制器产生任何影响，如图 1-7 所示为一个开环系统的流程图。在该系统中，对于每一个输入量，就有一个与之对应的工作状态和输出量，系统的精度仅取决于元器件的精度和特性调整的精度。这类系统结构简单、成本低、容易控制，但是控制精度低，因为如果在控制器或控制对象上存在干扰，或者由于控制器元器件老化，控制对象结构或参数发生变化，均会导致系统输出的不稳定，使输出值偏离预期值。

图 1-7　开环系统的流程图

在如图 1-8 所示的游泳池注水控制系统中，如果进水管单位时间的水流量一定，那么游泳池水位的高度与进水的时间是一一对应的，可以通过设定注水时间，使游泳池的水位达到希望的高度。将注水的时间值（假设为 5 小时）设定到定时器中，开启进水阀注水，一旦时间到达，定时器就会通知进水阀门关闭，停止向游泳池注水。在这个控制系统里，输出量不对系统的控制产生任何影响，这种控制系统称为开环控制系统。图 1-9 所示为游泳池注水的开环控制系统方框图。

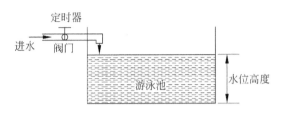

图 1-8　游泳池注水控制系统

图 1-9　游泳池注水的开环控制系统方框图

在这个控制系统里，游泳池的水位只受设定的注水时间控制。这里，作为输入的设定的注水时间可以计算，称为输入量；作为输出的游泳池的水位可以用水面高度的量来计算，称为输出量（被控量）。如果系统的给定输入与被控量之间的关系固定，且其内部参数或外来扰动的变化都较小，或这些扰动因素可以事先确定并能给予补偿，则采用开环控制也能取得较为满意的控制效果。

这个系统中，没有将检测到的、实际正在发生变化的水位值输入给系统，即对游泳池注水控制系统来说，它不知道水位是否达到了预设值。当进水管的水压不稳定时，比如水压变小了，虽然预设的时间（5 小时）到了，但游泳池的水还没有达到预期的水位。开环控制系统在设计和制造上通常比较简单、廉价。然而，它可能是效率很低或需要不断地进行调整操作。在很多情况下，正在控制的参数也在以某种方式发生变化，从而导致预设值不正确，因此需要更新设置。要正确地设置给定值，通常需要很高的技巧和准确的判断。

（3）闭环控制系统

闭环控制系统通过测量被控系统的参数输出值，并将其与期望值进行比较来控制系统。闭环控制系统的输出状态会直接影响输入条件。

我们来分析一下人拿杯子这个动作完成的过程。人在打算拿桌子上的杯子时，首先要看一下杯子的位置与自己手的距离，然后人的大脑会命令自己的手做出动作，向减少这个距离的方向移动，同时不断地观察两者之间的距离还有多少，直到人的手碰到了杯子，大脑就命令手停止运动，杯子也就拿到了。人就是通过这个过程来完成拿杯子这个动作的。在这个例子中，

① 杯子的位置作为人控制手要达到的位置给定量；

② 人眼一方面感知该控制系统输出量即人手的位置，另一方面得出它与给定量之间的差距，大脑相当于控制器；

③ 人手兼执行机构和被控对象双重角色。

显然该系统具备较高的控制精度且抗干扰能力强，其原因就在于它将给定量与所检测

的被控量进行比较，也就是说如果增加检测和比较环节就能解决干扰的问题做到高精度的控制。

在进行完这种思考后，我们回过头来解决注水的问题。例如游泳池注水控制系统，将输入由"设定注水时间"改为"设定游泳池水位"，增加一个检测游泳池水位的装置，把测量到的游泳池当前水位返回到该控制系统的输入端，通过一个具有计算功能的装置（比较器）来与输入量相减。当实际水位比设定水位低时，控制器控制进水阀门继续注水；当实际水位达到设定水位时，控制器发出信号关闭进水阀门。

经过改进后的游泳池注水系统如图 1-10 所示，增加了输出端到输入端的信息传递，即把输出量返回到输入端与给定值进行比较，构成了一条闭合回路。

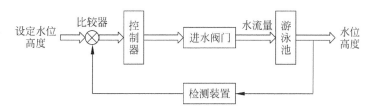

图 1-10 游泳池注水的闭环控制系统

我们把系统的输出量返回到输入端并对控制过程产生影响的控制系统称为闭环控制系统。闭环控制系统的特点：在系统的输入量和输出量之间，还有一条从输出量返回到输入端的反馈环节，它们形成了一条闭合回路，反馈环节使得输出量的改变对控制的过程产生直接影响，信号传递是闭合回路。

在闭环控制系统里，输出状态会直接影响输入条件。闭环控制系统通过测量被控制系统的参数输出值并将其与期望值进行比较。在一个闭环控制系统里，将受控系统参数的实际测量值与期望值进行比较，其差值称为误差。

图 1-11 所示为一个用方框图表示的闭环控制系统。期望值可认为是已知的，并作为信号参考值，或称为预设值，这个值与测量装置检测的测量值（称为反馈信号）进行比较。反馈信号与参考信号的差值称为误差信号。误差信号经过调制处理（如放大）以便能够调节控制系统。例如，误差信号是一种电信号，它可能需要被放大。被调制处理的误差信号被称为控制信号。然后，控制信号调节系统的输出，以便尽可能使反馈信号与参考信号相一致，这将逐渐使误差减少到零，并由此使系统达到期望值。

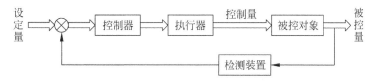

图 1-11 闭环控制系统方框图

与开环系统比较，闭环控制系统的最大特点是检测偏差、纠正偏差。首先，从系统结构上看，闭环系统具有反向通道，即反馈；其次，从功能上看闭环系统具有以下环节和功能。

① 由于增加了反馈通道，系统的控制精度得到了提高，若采用开环控制，要达到同样的精度，则需高精度的控制器，从而大大增加了成本；

② 由于存在系统的反馈，可以较好地抑制系统各环节中可能存在的扰动和由于器件的老化而引起的结构和参数的不稳定性；

③ 反馈环节的存在，同时可较好地改善系统的动态性能。

当然，如果引入不适当的反馈，如正反馈，或者参数选择不恰当，不仅达不到改善系统性能的目的，甚至会导致一个稳定的系统变为不稳定的系统。

五、传感器的类型与分类

了解传感器的分类，通常可以帮助用户在传感器选型时，快速找到所需要的传感器类型。

工程中常用的传感器种类繁多，原理各异，形式多样，往往一种物理量可用多种类型的传感器来测量，而同一种传感器也可用于多种物理量的测量。其中，有如下三种分类法最为常用。

1. 按输入物理量分类

如输入信号是用来表征压力大小的，就称为压力传感器。这种分类法可将传感器分为位移、速度、角速度、力、力矩、压力、流速、液面、温度、湿度、光、热、电压、电流、气体成分、浓度和黏度传感器等。

2. 按输出信号分类

按输出信号分为模拟型传感器与数字型传感器。

模拟型传感器：输出连续变化的模拟信号。如感应同步器的滑尺相对定尺移动时，定尺上产生的感应电势为周期性模拟信号。

数字型传感器：输出"1"或"0"两种信号电平。如用光电式接近开关检测不透明的物体，当物体位于光源和光电器件之间时，光路阻断，光电器件截止输出高电平"1"；当物体离开后，光电器件导通输出低电平"0"。

3. 按工作原理分类

按工作原理可分为：电阻式传感器、电感式传感器、电容式传感器及电势式传感器等。这种方法表明了传感器的工作原理，有利于传感器的设计和应用。例如，电感式传感器就是将被测量转换成电感值的变化。表1-1列出了该分类方法中各类型传感器的名称及典型应用。

表 1-1 传感器分类表

传感器分类		转换原理	传感器名称	典型应用
转换形式	中间参量			
电参数	电阻	移动电位器触点改变电阻	电位器传感器	位移
		改变电阻丝或片的尺寸	电阻丝应变传感器、半导体应变传感器	微应变、力、负荷
		利用电阻的温度效应（电阻的温度系数）	热丝传感器	气流速度、液体流量
			电阻温度传感器	温度、辐射热
			热敏电阻传感器	温度
		利用电阻的光敏效应	光敏电阻传感器	光强
		利用电阻的湿度效应	湿敏电阻	湿度
	电容	改变电容的几何尺寸	电容传感器	力、压力、负荷、位移
		改变电容的介电常数		液位、厚度、含水量
	电感	改变磁路几何尺寸、导磁体位置	电感传感器	位移
		涡流去磁效应	涡流传感器	位移、厚度、含水量
		利用压磁效应	压磁传感器	力、压力
		改变互感	差动变压器	位移
			自速角机	位移
			旋转变压器	位移
	频率	改变谐振回路中的固有参数	振弦式传感器	压力、力
			振筒式传感器	气压
			石英谐振传感器	力、温度等
	计数	利用莫尔条纹	光栅	大角位移、大直线位移
		改变互感	感应同步器	
		利用拾磁信号	磁栅	
	数字	利用数字编码	角度编码器	大角位移
电能量	电动势	温差电动势	热电偶	温度热流
		霍尔效应	霍尔传感器	磁通、电流
		电磁感应	磁电传感器	速度、加速度
		光电效应	光电池	光强
	电荷	辐射电离	电离室	离子计数、放射性强度
		压电效应	压电传感器	动态力、加速度

六、传感器选型的依据

（一）传感器选型的注意事项

传感器选型通常需要注意以下几点：

① 依据测试的对象、目的和要求。如测量的对象、测量的目的、被测量的选择、测量范围、输入信号的最大值、频带宽度、测试精度要求、测量所需要的时间等。

② 依据传感器的特性。如静、动态特性指标，输出量的类型，校正周期，过载信号

保护，配套仪器等。

③ 依据测试条件。包括传感器的设置场所，环境（温度、湿度、振动等），测量时间，与其他设备的连接距离，所需功率等。

④ 与购买和维护有关的事项。包括性价比，零配件的储备，售后服务与维修制度、保修时间，交货日期等。

选择传感器时要考虑的事项很多，但无须满足所有的事项要求，应根据实际使用的目的、指标、环境等，有不同的侧重点。

例如，选择温度传感器时，有很多种可用于温度测量的传感器，但并不是所有的都适合于测量显示温室温度，有的不能适应温度测量的范围，有的太昂贵，或有的需要电源供电，所以所选的传感器与要求的输出量相匹配很重要。有时也需要根据安装形式、受力情况等特点考虑传感器的适用范围。以称重传感器的敏感元件悬臂梁为例，铝式悬臂梁传感器适用于计价秤、平台秤、案秤等；钢式悬臂梁传感器适用于料斗秤、电子皮带秤、分选秤等；钢质桥式传感器适用于轨道衡、汽车衡、天车秤等；柱式传感器适用于汽车衡、动态轨道衡、大吨位料斗秤等。长时间连续使用的传感器，就必须重视经得起时间考验等长期稳定性问题；而对机械加工或化学分析等时间比较短的工序过程，则需要灵敏度和动态特性较好的传感器。为了提高测量精度，应注意以平常使用时的显示值要在满刻度的50%左右来选择测定范围或刻度范围。选择传感器的响应速度，目的是适应输入信号的频带宽度。合理选择设置场所，注意安装方法，了解传感器的外形尺寸、重量等。选用传感器需要注意的几点注意事项中，比较重要的一点就是必须对所选传感器的性能特点有足够的了解。

如果仅仅是简单的应用，则可以通过对传感器的性能指标的了解来选择传感器；若应用要求较高、环境复杂，则还需要从传感器的原理等方面对传感器的性能进行考察，如从传感器的工作原理出发，分析被测物体中可能会产生的负载效应等问题，以确定选择哪一种传感器最合适。

下面的性能指标可以应用于整个测量系统以及在测量系统中的所有部件，包括传感器、信号调制装置以及显示和记录装置。性能指标通常被描述为百分比或最大与最小值范围，这些取决于系统和被测量的属性等。

（二）传感器的几个常用术语

1. 测量范围

传感器能正常测量的最小输入量和最大输入量之间的范围。《GBT 7665—1987 传感器通用术语》指出：测量范围是指"在允许误差限内被测量值的范围"。测量范围的最高、最低值分别称为测量范围的"上限值"、"下限值"。

2. 量程

量程是指仪表能接受的输入信号范围，它用测量的上限值与下限值的差值来表示。例如：测温范围是$-50 \sim 1250℃$，则上限值是$1250℃$，下限值是$-50℃$，量程是$1300℃$。

在选用传感器量程时，一般规定，正常测量值在满刻度的$50\% \sim 70\%$；若为方根刻度，正常测量值在满刻度的 $70\% \sim 85\%$，以保证传感器的使用安全和寿命。

3. 满量程输出值

满量程输出值是指在规定条件下，传感器测量范围上限值和下限值所对应的输出值的代数差。

4. 外形尺寸

外形尺寸是指一种传感器或测量系统实际所占空间的大小，它几乎在每个装置的说明书中都有说明。

5. 死区

当说明书提到死区时，它是指被测量的输出不产生变化或没有输出信号时输入量的最大范围。死区是由于静摩擦或迟滞现象（本节后面将解释什么是迟滞）引起的。死区不可能存在与装置的整个工作范围，有时明显的死区仅出现在某种条件下。如家用照明灯上的调光器开关，通常，当调光器开关处于完全关闭时，慢慢地打开开关，可能会在一个短暂的时间内灯并没有立即发亮（响应），在这种情况下，调光器开关的死区就是从它的完全关闭位置到灯开始发光时对应的位置之间的区间。

（三）传感器的特性

传感器的特性指其输出与输入之间的关系，根据传感器所测量的物理量的静态（指信号不随时间变化或变化很缓慢，如温度、压力等物理量）和动态（指信号随时间而快速变化的，如加速度、振动等物理量）两种形式，我们可以把传感器的特性分为静态特性和动态特性两种。一个高精度的传感器，必须具有良好的静态特性和动态特性才能完成信号无失真的转换。

1. 传感器的静态数学模型

在不考虑迟滞、蠕变、不稳定性等因素的情况下，传感器的静态输入量 x 和输出量 y 的关系可用多项式代数方程表示：

$$y = a_0 + a_1 x + a_2 x^2 + \cdots + a_n x^n \tag{1-1}$$

式中，x——输入量（被测量）；

$\quad\quad y$——输出量；

$\quad\quad a_0$——$x=0$ 时输出 y 的值；

$\quad\quad a_1$——检测系统理想灵敏度；

$\quad\quad a_2$，a_3，$\cdots$，a_n——非线性项系数。

这种多项式代数方程可能有四种情况，如图 1-12 所示。

设 $a_0 = 0$，即不考虑零位输出，则静态特性曲线过原点。一般可分为以下几种典型情况。

（1）理想线性

如图 1-12（a）所示，当 $a_2 = a_3 = \cdots = a_n = 0$ 时，静态特性曲线是一条直线，传感器的静态特性为

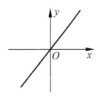 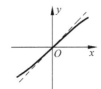 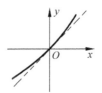

(a) 理想线性   (b) 只有奇次项的非线性   (c) 只有偶次项的非线性   (d) 普遍情况下的非线性

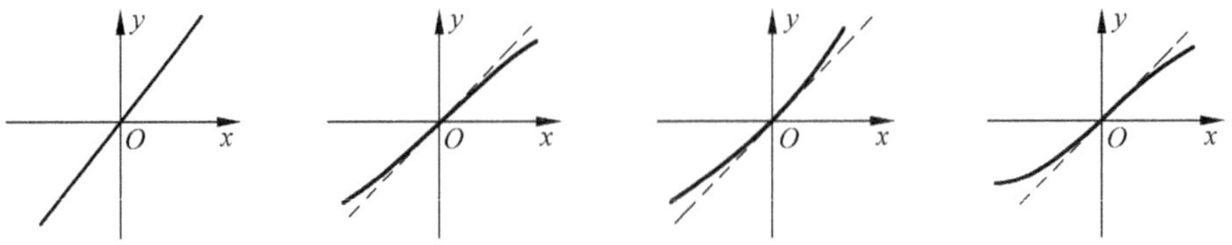

图 1-12　传感器的静态特性曲线

$$y = a_1 x \tag{1-2}$$

因为直线上任何点的斜率都相等，所以传感器的灵敏度为

$$a_1 = y/x = k = 常数$$

（2）在原点附近相当范围内输出-输入特性基本成线性

如图 1-12（b）所示，即当 $a_2 = a_4 = \cdots = 0$ 时，式（1-1）中除线性项外只存在奇次非线性项，传感器的静态特性为

$$y = a_1 x + a_3 x^3 + a_5 x^5 + \cdots$$

对应的对称曲线为

$$y(x) = -y(-x)$$

（3）输入-输出特性曲线不对称

当 $a_3 = a_5 = \cdots = 0$ 时，在式（2-1）中除线性项外，非线性项只是偶次项，传感器的静态特性为

$$y = a_1 x + a_2 x^2 + a_4 x^4 + \cdots$$

对应的曲线如图 1-12（c）所示。因不具有对称性，线性范围较窄，所以传感器设计时一般很少采用这种特性。

（4）普遍情况

表达式为式（1-1），对应的特性曲线示如图 1-12（d）所示。

$$y(x) = a_1 x + a_2 x^2 + \cdots + a_n x^n$$

$$y(-x) = -a_1 x + a_2 x^2 - a_3 x^3 + a_4 x^4 - \cdots$$

$$y(x) - y(-x) = 2(a_1 x + a_3 x^3 + a_5 x^5 + \cdots)$$

这就是将两个传感器接成差动形式可拓宽线性范围的理论根据。

通过理论分析建立传感器的数学模型非常复杂，常采用实验方法获取传感器的静态特性。借助实验方法确定传感器静态特性的过程称为静态校准，所得特性称为校准特性。当满足静态标准条件的要求，且使用的仪器设备具有足够高的精度时，测得的标准特性即为传感器的静态特性。静态标准条件为：无加速度、振动与冲击（除非这些参数本身就是被测量），环境温度为 $20 \pm 5^\circ\text{C}$，相对湿度 $< 85\%$，气压为 $101.32 \pm 7.999\text{kPa}$。

2. 描述传感器静态特性的主要指标

传感器的静态特性是指在稳态条件下（传感器无暂态分量）用分析或实验方法所确定的输入/输出关系。这种关系可依不同情况，用函数或曲线表示，有时也用数据表格来表示。

（1）线性度

线性度是指传感器特性曲线逼近直线的程度。为了标定和信号处理比较的方便，通常希望传感器的输入/输出具有线性特性，并能正确无误地反应被测量的真值。实际使用时，常用非线性误差来说明线性程度（即传感器的实际曲线偏移直线的程度），如图 1-13 所示。

非线性误差通常用相对误差表示：

$$\gamma_{\mathrm{L}} = \pm \frac{\Delta L_{\max}}{Y_{\mathrm{FS}}} \times 100\% \tag{1-3}$$

式中：$\Delta L_{\max}$——最大非线性绝对误差；

　　　$Y_{\mathrm{FS}} = y_{\max} - y_{\min}$——满量程输出；

　　　γ_{L}——线性度。

对于非理想直线特性的传感器，需要进行非线性校正，常采用以下方法：

① 理论拟合，理论直线与实测值无关；

② 端点连线拟合，如图 1-14 所示；

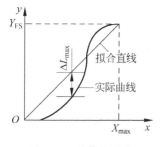

图 1-13　非线性误差

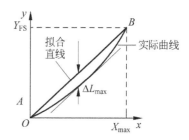

图 1-14　端点连线拟合

③ 过零旋转拟合；

④ 端点平移拟合；

⑤ 平均选点拟合；

⑥ 最小二乘法拟合。

比如：端点连线拟合为实际特性上分别对应于测量下限 $x_{\min}$ 和测量上限 $x_{\max}$ 的点 A 和 B 的连线称端点拟合直线。该拟合方法简单，但由于数据依据不充分，且计算的线性度往往偏大，因此不能充分发挥传感器的精度潜力。

（2）迟滞

传感器系统的输入量由小增大（已行程），继而自大到小（反行程）的测试过程中，对应于同一输入量，输出量往往有差别，这种差别称为迟滞或迟滞误差，也称回程误差。

材料的物理性质是产生迟滞现象的原因。如果把应力加于某弹性材料时，弹性材料产生变形，应力虽然取消了但材料不能完全恢复原状。又如，铁磁体、铁电体在外加磁场、电场作用下均有这种现象。迟滞也反映了传感器机械部分不可避免的缺陷，如轴承摩擦、间隙、螺丝松动等。各种各样的原因混合在一起导致了迟滞现象的发生。

如图 1-15 所示，迟滞误差一般由满量程输出的百分数表示：

$$\gamma_{\mathrm{H}} = \pm \frac{\Delta H_{\max}}{Y_{\mathrm{FS}}} \times 100\% \tag{1-4}$$

式中，$\Delta H_{\max} = Y_2 - Y_1$，为正、反行程输出值间的最大差值。

（3）重复性

传感器输入量按同一方向做多次测量时，输出特性不一致的程度。

重复性误差的简单计算方法是用正反行程的最大偏差表示，即取正反行程最大偏差中的较大者，然后用其与满量程输出的百分比表示，如图 1-16 所示。

$$\gamma_R = \pm \frac{\Delta_{R\max}}{Y_{FS}} \times 100\% \qquad (1\text{-}5)$$

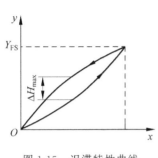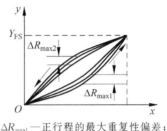

$\Delta R_{\max 1}$ —正行程的最大重复性偏差；

$\Delta R_{\max 2}$ —反行程的最大重复性偏差

图 1-15　迟滞特性曲线　　　　图 1-16　重复性特性曲线

（4）灵敏度

在稳定条件下，输出微小增量 Δy 与输入微小增量 Δx 的比值。对线性传感器，其灵敏度就是直线的斜率：

$$k = \Delta y / \Delta x \qquad (1\text{-}6)$$

（5）分辨力和阈值

当传感器的输入从零开始缓慢增加时只有在达到了某一值后，输出才发生可观测的变化，这个值是传感器可测出的最小输入量，称为传感器的阈值。

当传感器的输入从非零的任意值缓慢增加时，只有在超过某一输入增量后，输出才发生可观测的变化，这个输入增量称为传感器的分辨力。

分辨力相对于满量程输入值的百分数，称为分辨率。

对数字式传感器，分辨力指能引起数字输出的末位数发生改变所对应的输入增量。

（6）稳定性

稳定性是指传感器在较长时间内保持其性能参数的能力。理想情况，传感器的特性不随时间变化；实际情况，大多数传感器特性会随时间延长发生变化，如放置长期不用、使用次数增度多、随温度漂移等情况。应对使用仪器的日、月、年变化情况做到有记录和数据。

3．传感器的动态特性

传感器动态特性是指传感器输出对随时间变化的输入量的响应特性：

$$Y(t) \rightarrow X(t)$$

通常除理想状态，输出信号一定不会与输入信号有相同的时间函数，这种输入/输出之间的差异就是动态误差，即反映了传感器的动态特性。下面用动态测温为例进行说明。

动态测温的几种情况：

• 被测温度随时间快速变化 $T(t)$；

• 传感器突然插入被测介质中；

• 传感器以扫描方式测量温度场分布。

如图 1-17 所示的热电偶测温示意图，设环境温度为 T_0，水槽中水的温度为 T，而且 $T>T_0$，用热电偶测温，把温度传感器（热电偶）迅速插入水中。

理想情况：测试曲线在 t_0 处温度从 $T_0 \to T$ 是阶跃变化；

实际特性：热电偶输出的值是缓慢变化，经历 $t-t_0$ 的时间。

如图 1-18 所示的热电偶测温动态特性曲线图，存在一个过渡过程，这个过程与阶跃特性的误差就是动态误差，产生这种动态误差的原因是温度传感器的热惯性、传热热阻引起的，是温度传感器固有的影响动态特性的因素。"固有因素"任何传感器都有，只是表现形式不同。

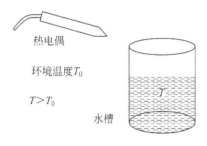
图 1-17　热电偶测温示意图

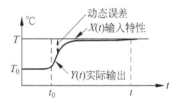
图 1-18　热电偶测温动态特性曲线

影响动态特性除固有因素外，还与输入信号变化的形式有关。动态特性一般从频域和时域两方面研究，用正弦信号（如图 1-19 所示）、阶跃信号（如图 1-20 所示）做标准信号，输入正弦信号，分析动态特性的相位、振幅、频率，称频率响应或频率特性。输入阶跃信号分析传感器的过渡过程和输出随时间变化情况，称阶跃响应或瞬态响应。

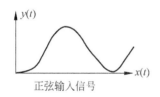
图 1-19　正弦输入信号曲线

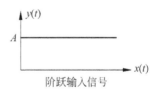
图 1-20　阶跃输入信号曲线

七、有关误差的概念

（一）有关量值的几个基本概念

1. 真值

真值是指在一定的时间和空间条件下，能够准确反映某一被测量真实状态和属性的量值，也就是某一被测量客观存在的、实际具有的量值。

2. 理论真值和约定真值

真值有理论真值和约定真值两种类型。

理论真值是在理想情况下表征某一被测量真实状态和属性的量值。理论真值是客观存在的，或者是根据一定的理论所定义的。例如，三角形三内角之和为180°。由于测量误差的普遍存在，一般情况下被测量的理论真值是不可能通过测量得到的，但却是实际存在的。

由于被测量的理论真值不能通过测量得到，为解决测量中的真值问题，只能用约定的办法来确定真值。约定真值就是指人们为了达到某种目的，按照约定的办法所确定的量值。约定真值是人们定义的，得到国际上公认的某个物理量的标准值。例如，光速被约定为$3×10^8$m/s；以高精度等级仪器的测量值约定为低精度等级仪器测量值的约定真值。

3. 实际值

在满足实际需要的前提下，相对于实际测量所考虑的精确程度，其测量误差可以忽略的测量结果，称为实际值。实际值在满足规定的精确程度时用以代替被测量的真值。例如在标定测量装置时，把高精度等级的标准仪器所测得的量值作为实际值。

4. 测量值和指示值

通过测量所得到的量值称为测量值。测量值一般是被测量真值的近似值。
由测量装置的显示部件直接给出来的测量值，称为指示值，简称示值。

5. 标称值

测量装置的显示部件上标注的量值称为标称值。因受制造、测量条件或环境变化的影响，标称值并不一定等于被测量的实际值，通常在给出标称值的同时，也给出它的误差范围或精度等级。

（二）测量误差的定义

测量的目的是获取被测量的真实量值，但由于受到种种因素的影响，测量结果总是与被测量的真实量值不一致，即任何测量都不可避免地存在着测量误差。为了减小和消除测量误差对测量结果的影响，需要研究和了解测量误差及测量不确定度。

测量误差，简称误差，它的定义为被测量的测量值与真值之差，即

$$误差 = 测量值 - 真值$$

（三）误差的表示方法

误差常用的表示方法有三种：绝对误差、相对误差和引用误差。

1. 绝对误差

绝对误差Δ的定义为被测量的测量值x与真值L之差，即

$$\Delta = x - L \tag{1-7}$$

绝对误差具有与被测量相同的单位，其值可为正，亦可为负。由于被测量的真值L往往无法得到，因此常用实际值A来代替真值，因此有

$$\Delta = x - A \tag{1-8}$$

在用于校准仪表和对测量结果进行修正时，常常使用的是修正值。修正值用来对测量值进行修正。修正值 C 定义为

$$C = A - x = -\Delta \tag{1-9}$$

修正值的值为绝对误差的负值。测量值加上修正值等于实际值，即 $x + C = A$。通过修正使测量结果得到更准确的数值。

采用绝对误差来表示测量误差往往不能很确切地表明测量质量的好坏。例如，温度测量的绝对误差 $\delta = \pm 1℃$，如果用于人的体温测量，这是不允许的；但如果用于炼钢炉的钢水温度测量，就是非常理想的情况了。

2. 相对误差

相对误差 δ 的定义为绝对误差 Δ 与真值 L 的比值，用百分数来表示，即

$$\delta = \frac{\Delta}{L} \times 100\% \tag{1-10}$$

由于实际测量中真值无法得到，因此可用实际值 A 或测量值 x 代替真值 L 来计算相对误差。

用实际值 A 代替真值 L 来计算的相对误差称为实际相对误差，用 δ_A 来表示，即

$$\delta_A = \frac{\Delta}{A} \times 100\% \tag{1-11}$$

用测量值 x 代替真值 L 来计算的相对误差称为示值相对误差，用 δ_x 来表示，即

$$\delta_x = \frac{\Delta}{x} \times 100\% \tag{1-12}$$

在实际应用中，因测得值与实际值相差很小，即 $A \approx x$，故 $\delta_A \approx \delta_x$，一般 δ_A 与 δ_x 不加以区别。

采用相对误差来表示测量误差能够较确切地表明测量的精确程度。

3. 引用误差

绝对误差和相对误差仅能表明某个测量点的误差。实际的测量装置往往可以在一个测量范围内使用，为了表明测量装置的精确程度而引入了引用误差。

引用误差定义为绝对误差 Δ 与测量装置的量程 B 的比值，用百分数来表示，即

$$\gamma = \frac{\Delta}{B} \times 100\% \tag{1-13}$$

测量装置的量程 B 是指测量装置测量范围上限 x_{max} 与测量范围下限 x_{min} 之差，即

$$B = x_{max} - x_{min} \tag{1-14}$$

引用误差实际上是采用相对误差形式来表示测量装置所具有的测量精确程度。

测量装置在测量范围内的最大引用误差，称为引用误差限 γ_m，它等于测量装置测量范围内最大的绝对误差 Δ_{max} 与量程 B 之比的绝对值，即

$$\gamma_m = \left| \frac{\Delta_{max}}{B} \right| \times 100\% \tag{1-15}$$

测量装置应保证在规定的使用条件下其引用误差限不超过某个规定值，这个规定值称为仪表的允许误差。允许误差能够很好地表征测量装置的测量精确程度，它是测量装置最

主要的质量指标之一。

（四）测量误差的类型

很多原因可以产生测量误差，根据研究目的的不同，通常将测量误差按不同的角度进行分类。

1. 系统误差、随机误差和粗大误差

根据测量误差的性质和表现形式，可将误差分为系统误差、随机误差和粗大误差。

（1）系统误差

在相同的条件下，对同一被测量进行多次重复测量时，所出现的数值大小和符号都保持不变的误差，或者在条件改变时，按某一确定规律变化的误差，称为系统误差。系统误差的主要特性是规律性。

（2）随机误差

在相同的条件下，对同一被测量进行多次重复测量时，所出现的数值大小和符号都以不可预知的方式变化的误差，称为随机误差。随机误差的主要特性是随机性。

（3）粗大误差

明显地偏离被测量真值的测量值所对应的误差，称为粗大误差。

在实际测量中，系统误差和随机误差之间不存在明显的界限，两者在一定条件下可以相互转化。对某项具体误差，在一定条件下为随机误差，而在另一条件下可为系统误差，反之亦然。

2. 基本误差和附加误差

任何测量装置都有一个正常的使用环境要求，这就是测量装置的规定使用条件。根据测量装置实际工作的条件，可将测量所产生的误差分为基本误差和附加误差。

（1）基本误差

测量装置在规定使用条件下工作时所产生的误差，称为基本误差。

（2）附加误差

在实际工作中，由于外界条件变动，使测量装置不在规定使用条件下工作，这将产生额外的误差，这个额外的误差称为附加误差。

3. 静态误差和动态误差

根据被测量随时间变化的速度，可将误差分为静态误差和动态误差。

（1）静态误差

在测量过程中，被测量稳定不变，所产生的误差称为静态误差。

（2）动态误差

在测量过程中，被测量随时间发生变化，所产生的误差称为动态误差。

在实际的测量过程中，被测量往往是在不断地变化的。当被测量随时间的变化很缓慢时，这时所产生的误差也可认为是静态误差。

(五) 测量的精度

为了定性地描述测量结果与真值的接近程度和各个测量值分布的密集程度，引入了测量的精度。测量的精度包含了准确度、精密度和精确度这三个概念。

(1) 测量的准确度

测量的准确度表征了测量值和被测量真值的接近程度。准确度越高则表征测量值越接近真值。准确度反映了测量结果中系统误差的大小程度，准确度越高，则表示系统误差越小。

(2) 测量的精密度

测量的精密度表征了多次重复对同一被测量进行测量时，各个测量值分布的密集程度。精密度越高则表征各测量值彼此越接近，即越密集。精密度反映了测量结果中随机误差的大小程度，精密度越高，则表示随机误差越小。

(3) 测量的精确度

测量的精确度是准确度和精密度的综合，精确度高则表征了准确度和精密度都高。精确度反映了系统误差和随机误差对测量结果的综合影响，精确度高，则反映了测量结果中系统误差和随机误差都小。

对于具体的测量，精密度高的准确度不一定高；准确度高的，精密度也不一定高；但是精确度高的，精密度和准确度都高。

下面以图 1-21 所示的射击打靶的结果作为例子来加深对准确度、精密度和精确度的理解。在图 1-21 中每个点代表弹着点，相当于测量值；圆心位置代表靶心，相当于被测量真值。图 1-21 (a) 的弹着点分散，但比较接近靶心，相当于测量值分散性大，但比较接近被测量真值，表明随机误差大，精密度低，系统误差小，准确度高。图 1-21 (b) 的弹着点密集，但偏离靶心较大，相当于测量值密集，但偏离被测量真值较大，表明随机误差小，测量精密度高，系统误差大，准确度低。图 1-21 (c) 的弹着点密集且比较接近靶心，相当于测量值密集且比较接近被测量真值，表明系统误差和随机误差都小，精确度高。

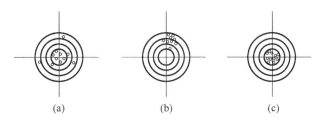

(a)　　　　　　(b)　　　　　　(c)

图 1-21　射击打靶的结果

在应用准确度、精密度和精确度时，应注意它们都是定性的概念，不能用数值作定量表示。

八、传感器的标定与校准

1. 概述

利用某种标准器具对新研制或生产的传感器进行全面的技术检定和标度，称为标定；

对传感器在使用中或储存后进行的性能复测，称为校准。

标定和校准的基本方法是：利用标准仪器产生已知的非电量，输入到待标定或校准的传感器中，然后将传感器输出量与输入的标准量作比较，获得一系列标定或校准数据或曲线。

2. 传感器的标定

传感器的标定，就是通过试验确立传感器的输入量与输出量之间的关系。同时，也确定出不同使用条件下的误差关系。例如，一种测量车辆速度的传感器产生一种电压信号输出，其电压大小与车辆速度成正比，装在车上的速度计指针随着所施加的电压摆动，但在速度计表盘上将以速度单位标出，而不是以电压单位标出。这样，我们说速度计被以速度单位形式标定。

传感器标定的含义：其一是确定传感器的性能指标；其二是明确这些性能指标所适用的工作环境。本章仅限于讨论第一个问题。

传感器的标定方法有：静态标定和动态标定两种。标定系统框图如图 1-22 所示。

图 1-22　标定系统框图

（1）静态标定

指输入信号不随时间变化的静态标准条件下，对传感器的静态特性如灵敏度、非线性、滞后、重复性等指标的检定。

（2）动态标定

对被标定传感器输入标准激励信号，测得输出数据，做出输出值与时间的关系曲线。由输出曲线与输入标准激励信号比较可以标定传感器的动态响应时间常数、幅频特性、相频特性等。

小结

相信大家在学习以上内容后，对传感器有了一个大概的了解。在本项目中涉及了许多的概念，这些概念也会在接下来的几个项目中反复用到。

那么接下来我们将通过不同的具体项目，讲述几种常用类型传感器具体的选型和应用。按照被测量的不同，项目的设置主要涉及以下几种类型：力、温度、流量、速度等。

每一个问题都可能有不止一种解决方法，在项目中给出的具体解决办法只是为了举例说明设计过程的主要步骤，以帮助大家在设计过程中学习传感器的选型，信号的放大、转换及滤波等调理电路，显示电路的连接等知识和技能。

项目二

煤矿轨道矿车重量检测

力/压力传感器是支撑工业过程自动化的四大传感器之一。电子称、汽车、机床、桥梁的检测都需要力传感器。例如一座桁架结构的桥梁，车辆经过大桥时的运动会引起结构的振动（不断变化的载荷），有必要使用力传感器对桥梁结构的振动进行实时监测，避免桥梁因其强度不够造成的倒塌。化纤厂、化肥厂、炼油厂需要测量气体压力和液体压力。例如，在化工生产过程中，氨的合成须在 32MPa 的高压下进行；在某些精馏或蒸发过程中却需要很高的负压（也叫真空度）。因为气压和液压的大小可以改变化学平衡，影响反应速度，也可以改变物质性质，提高过程质量等。因此正确地测量和控制力/压力是保证生产过程良好运行，防止生产设备因力/压力过压大而引起设备损坏的有力保证。

【学习目标】

1. 知识目标

① 了解压力测量的基本知识；
② 掌握电阻应变式传感器的结构、测量电路和工作原理；
③ 掌握压电式传感器的结构、测量电路和工作原理。

2. 能力目标

① 能利用电阻应变式传感器实现压力等信号的检测；
② 能利用压电式传感器实现压力等信号的检测。

2.1 项目描述

煤矿副井提升罐笼称之为矿井的提升机，如图 2-1 所示。罐笼一般用于矿井的副井提升，主要用于提升人员、矿石、设备、材料等。对于中、小型矿井，罐笼也可以作为主井提升，因此保证提升的安全特别重要。在运送综采支架等大型设备时，其重量往往是平时运送的几倍，如果在不知道矿车质量的情况下盲目下放，可能会造成重载下放或超载提升，容易引起提升事故，因此应在矿车进入罐笼前测量矿车的质量。

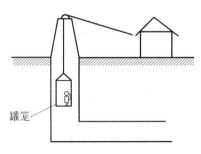

罐笼

图 2-1　煤矿副井提升罐笼示意图

要求：设计一种矿车轨道称重装置，该装置应用于煤矿地面副井口，在矿车进入罐笼前，经过安装在井口附近轨道上的压力测点时，测得矿车的质量，并将称量结果显示在井口打点室的液晶显示器界面上，如果矿车的质量超过预先设定的报警阈值则进行报警。

2.2　解决方案

轨道矿车重量检测的工作过程示意图如图 2-2 所示。我们关心的是进入矿井口的矿车重量，而矿车的受力点分别在四个车轮上，因此在每个车轮的位置测量车身的重量是这个系统的关键。当矿车经过地面副井口的轨道时，相应安放在轨道的四个称重传感器采集到被测矿车四轮的重量并将其转换成电压信号，通过前端信号处理电路进行准确的线性放大，放大后的模拟电压信号经 A/D 转换电路转换成数字量被送入到控制器中，再经过显示器显示出被测物体的重量，当重量达到并超过预定值时报警。在实际应用中，为提高数据采集的精度并尽量减少外界电气干扰，还需要在传感器与 A/D 芯片之间加上信号调理电路。

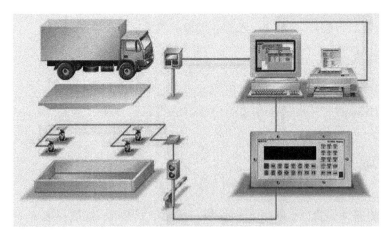

图 2-2　轨道矿车重量检测的工作过程示意图

矿车压力检测系统流程图如图 2-3 所示。

图 2-3　矿车压力检测系统流程图

2.3　相关知识

一、基本概念

1.　力与压力的基本概念

在国际单位制的辅助单位中，压力和力是分别定义的。

（1）力

力的物理概念在不同的范围内、不同的教科书、资料中有各种不同的解释。通常情况下，都是用牛顿第二定律来描述力，即

$$F = m \cdot a \qquad (2-1)$$

式中，F——作用在物体上的力；

　　　m——物体的质量；

　　　a——物体的加速度。

国际单位制中，力是导出单位，单位为牛［顿］（N），定义为 1kg 的物体获得 $1m/s^2$ 的加速度所需要的力为 1N。

（2）压力

工程技术中常说的压力实际就是物理学上的压强。但其定义大多是以压力来定义，如国家计量局 JJG1008—87 规范《压力计量名词术语及定义》一书中明确指出："压力（压强）（Pressure）是垂直作用在单位面积上的分布力。"在 JJG1008—87 规范中给出了两个并列的单位，优先使用的是压力。工程技术上几乎都是用压力，因为压力一词由来已久，可说是根深蒂固了，由于人们的习惯有时是很难改变的，如压力变送器基本没有人称它为压强变送器。

国际单位制中，压力的单位是帕斯卡，简称帕，符号为 Pa，$1Pa = 1N/m^2$。因帕单位太小，工程上常用 kPa（$10^3 Pa$）和 MPa（$10^6 Pa$）表示。

由于历史发展的原因、单位制的不同以及适用场合的差异，压力还有多种不同的单位。目前工程技术部门仍在使用的压力单位有工程大气压、物理大气压、毫米汞柱等。

2.　压力的测量方法

工业上，测压力的方法按工作原理主要分为三类：

① 重力与被测压力平衡的测量法，如液柱式压力计。

如图 2-4 所示为两种液柱式压力计的实物图。这种方法是利用一定高度的工作液体产生的重力与被测压力相平衡的原理，将被测压力转换为液柱高度来测量。常用的测压指示

液体有酒精、水、四氯化碳和水银。这类仪表的优点是结构简单、反应灵敏、测量准确；缺点是受到液体密度的限制，测压范围较窄，在压力剧烈波动时，液柱不易稳定，而且对安装位置和姿势有严格要求。一般仅用于测量低压和真空度，多在实验室中使用。

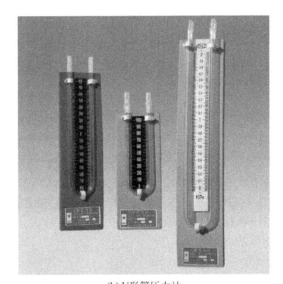

(a) 单管压力计　　　　　　　　　　(b) U形管压力计

图 2-4　液柱式压力计

② 弹性力与被测压力平衡的测量法，如弹性式压力计。

如图 2-5 所示为弹簧式压力计的实物图。此类压力计是利用弹性元件受压力作用发生弹性变形而产生的弹性力与被测压力相平衡的原理，将压力转换成位移，通过测量弹性元件位移变形的大小测出被测压力。这类测压仪表结构简单、牢固耐用、价格便宜、工作可靠、测量范围宽，适用于低压、中压、高压多种场合，是工业中应用最广泛的一类压力测量仪表。不过弹性式压力表的测量精度不是很高，且多数采用机械指针输出，主要用于生产现场的就地指示。当需要信号远传时，必须配上附加装置。

图 2-5　弹簧式压力计

③ 物性测量方法，如应变式、压电式压力传感器。

如图 2-6 所示为应变式传感器粘贴在悬臂梁上的称重装置，图 2-7 所示为应变式荷重传感器的实物图。此类传感器是利用敏感元件在压力的作用下，其某些物理特性发生与压力成确定关系变化的原理，将被测压力直接转换为各种电量来测量。它们最大特点就是输出信号易于远传，可以方便地与各种显示、记录和调节仪表配套使用，从而为压力集中监测和控制创造条件。在生产过程自动化系统中被大量采用。

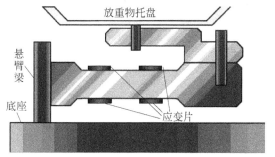 

图 2-6　应变式传感器粘贴在悬臂梁上制作的称重装置　　图 2-7　应变式荷重传感器的实物图

二、应变式传感器

电阻应变式传感器是利用电阻应变片将应变转换为电阻变化的传感器，传感器由在弹性元件（如悬臂梁）上粘贴敏感元件（如电阻应变片）构成，如图 2-8 所示为贴有应变片的悬臂梁测力的结构简图。当被测物理量作用在弹性元件上时，弹性元件的变形引起应变敏感元件的阻值变化，经过转换电路将其转变成电量输出，电量变化的大小反映了被测物理量的大小。应变式电阻传感器是目前测量力、力矩、压力、加速度、重量等参数应用最广泛的传感器。

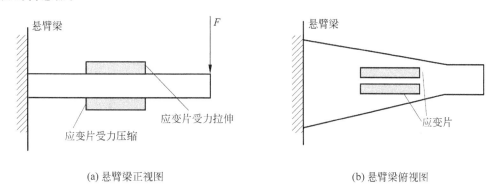

图 2-8　贴有应变片的悬臂梁测力（F）结构简图

（一）工作原理

金属导体的电阻随着机械变形（伸长或缩短）的大小发生变化的现象称为金属的电阻应变效应。如图 2-9 所示，设一根长为 l，截面积为 S，电阻率为 ρ 的电阻丝，其电阻值

R 为

$$R = \rho \frac{l}{S} \qquad (2-2)$$

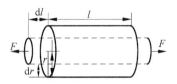

图 2-9 金属的电阻应变效应

当电阻丝两端受到拉力 F 作用时，其长度 l 伸长了 $\mathrm{d}l$，截面积 S 减少了 $\mathrm{d}S$，电阻率 ρ 变化了 $\mathrm{d}\rho$，（将上式取对数再取微分），这些量的变化必然引起电阻丝的电阻值变化 $\mathrm{d}R$，即电阻的相对变化为

$$\frac{\mathrm{d}R}{R} = \frac{\mathrm{d}\rho}{\rho} + \frac{\mathrm{d}l}{l} - \frac{\mathrm{d}S}{S} \qquad (2-3)$$

其中，$S = \pi r^2$（r 导线半径），$\mathrm{d}S = 2\pi r \mathrm{d}r$，

$$\frac{\mathrm{d}S}{S} = 2\frac{\mathrm{d}r}{r} \qquad (2-4)$$

$\frac{\mathrm{d}l}{l}$ 为电阻丝的轴向应变，$\frac{\mathrm{d}r}{r}$ 为电阻丝的径向应变。由材料力学可知，在弹性范围内，当金属丝受拉时，沿轴向伸长，同时沿径向缩短，二者之间的应变关系可简化为

$$（径向变化）\frac{\mathrm{d}r}{r} = -\mu \frac{\mathrm{d}l}{l} = -\mu\varepsilon \ (\mu > 0) \qquad (2-5)$$

式中，μ——泊松比，即径向应变 $\frac{\mathrm{d}r}{r}$ 与轴向应变 $\frac{\mathrm{d}l}{l}$ 的比值，负号表示应变方向相反；

ε——$\frac{\mathrm{d}l}{l}$ 电阻丝轴向的相对变化，也就是应变。

将式（2-4）式（2-5）代入式（2-3）得金属电阻丝的电阻相对变化为

$$\frac{\Delta R}{R} \approx \frac{\mathrm{d}R}{R} = \frac{\mathrm{d}\rho}{\rho} + (1+2\mu)\frac{\mathrm{d}l}{l} = \frac{\mathrm{d}\rho}{\rho} + (1+2\mu)\varepsilon \qquad (2-6)$$

令 $\dfrac{\mathrm{d}R/R}{\varepsilon} = K_{\mathrm{m}}$，则

$$K_{\mathrm{m}} = (1+2\mu) + \frac{\mathrm{d}\rho/\rho}{\varepsilon} \qquad (2-7)$$

式中，K_{m}——金属电阻丝的相对灵敏度系数。其物理意义是单位应变所引起的电阻相对变化。K 越大，单位变形引起的电阻相对变化越大，故灵敏度越高。

由式（2-7）可以看出，金属电阻丝的相对灵敏系数受两个因素影响：

① 第一项 $(1+2\mu)$，它是由于电阻丝受拉伸后，材料的几何尺寸变化所引起的。

② 第二项 $\dfrac{\mathrm{d}\rho/\rho}{\varepsilon}$，它是由于材料发生变形时，其电阻率发生变化引起的。

对于金属电阻丝来说，灵敏度系数表达式中 $(1+2\mu)$ 的值要比 $\dfrac{\mathrm{d}\rho/\rho}{\varepsilon}$ 大得多，即 $K_{金属} \approx 1+2\mu$；而半导体材料的 $\dfrac{\mathrm{d}\rho/\rho}{\varepsilon}$ 项的值比 $(1+2\mu)$ 大得多，即 $K_{半导体} \approx \dfrac{\mathrm{d}\rho/\rho}{\varepsilon}$。

由式（2-6）可知，一般情况下，在应变极限内，金属材料电阻的相对变化与应变成正比，即 K_{m} 为常数，应变电阻效应的表达式为

$$\frac{\Delta R}{R} = K_{\mathrm{m}} \cdot \varepsilon \qquad (2-8)$$

用应变片测量应变或应力时，根据上述特点，在外力作用下，被测对象产生微小机械变形，应变片随着发生相同的变化，同时应变片电阻值也发生相应变化。当测得应变片电阻值变化量 ΔR 时，便可得到被测对象的应变值。根据应力与应变的关系，得到应力值 σ 为

$$\sigma = E \cdot \varepsilon \tag{2-9}$$

式中，σ——试件的应力；

$\quad\varepsilon$——试件的应变；

$\quad E$——试件材料的弹性模量。

由此可知，应力值 σ 正比于应变 ε，而试件应变 ε 正比于电阻值的变化，所以应力 σ 正比于电阻值的变化，这就是利用应变片测量应变的基本原理。

（二）电阻应变片的种类和结构

电阻应变片品种繁多，形式多样，但常用的应变片可分为两类：金属电阻应变片和半导体电阻应变片。

1. 金属电阻应变片

金属丝应变片是用金属丝作敏感栅制成的，其工作原理是基于金属材料的电阻应变效应。它由敏感栅、基片、覆盖层和引线等部分组成，如图 2-10 所示为电阻应变片的结构图。

敏感栅是应变片的核心部分，它粘贴在绝缘的基片上，其上再粘贴起保护作用的覆盖层，两端焊接引出线。金属电阻应变片的敏感栅有丝式、箔式和薄膜式三种。

丝式应变片是将电阻丝绕制成敏感栅粘结在各种绝缘基底上而制成的。

箔式应变片是利用光刻、腐蚀等工艺制成的一种很薄的金属箔栅，其厚度一般为 $0.003 \sim 0.01 \text{mm}$。其优点是散热条件好，允许通过的电流较大，可制成各种所需的形状，便于批量生产，如图 2-11 所示为箔式应变片的实物图。

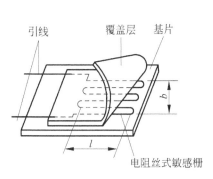

图 2-10 电阻应变片结构图

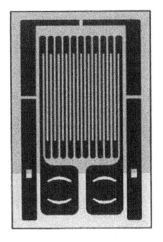

图 2-11 箔式应变片实物图

薄膜应变片是采用真空蒸发或真空沉淀等方法在薄的绝缘基片上形成 $0.1 \mu\text{m}$ 以下的金属电阻薄膜的敏感栅，最后再加上保护层。它的优点是应变灵敏度系数大，允许电流密度大，工作范围广。

2. 半导体电阻应变片

半导体应变片是用半导体材料制成的，其工作原理是基于半导体材料的压阻效应。所谓压阻效应，是指半导体材料在某一轴向受外力作用时，其电阻率 ρ 发生变化的现象。

半导体应变片受轴向力作用时，其电阻相对变化为

$$\frac{dR}{R} = (1 + 2\mu)\varepsilon + \frac{d\rho}{\rho} \tag{2-10}$$

式中，$\dfrac{d\rho}{\rho}$ 为半导体应变片的电阻率相对变化量，其值与半导体敏感元件在轴向所受的应变力关系为

$$\frac{d\rho}{\rho} = \sigma\pi = E \cdot \varepsilon \cdot \pi \tag{2-11}$$

式中，π——半导体材料的压阻系数。

半导体材料的电阻相对变化，可将式（2-11）代入式（2-10）得

$$\frac{\Delta R}{R} \approx \frac{dR}{R} = (1 + 2\mu + \pi E) \cdot \varepsilon = K_s\varepsilon \tag{2-12}$$

式中，K_s 为半导体材料的应变灵敏度系数。

实验证明，πE 比 $(1+2\mu)$ 大上百倍，所以 $(1+2\mu)$ 可以忽略，因而半导体应变片的灵敏系数为

$$K_s = \frac{\frac{\Delta R}{R}}{\varepsilon} \approx \pi E \tag{2-13}$$

半导体应变片突出优点是灵敏度高，比金属丝式高 $50\sim80$ 倍，尺寸、横向效应和机械滞后都很小，动态响应好。但它有温度系数大、应变时非线性比较严重等缺点。

（三）横向效应

将金属丝绕成敏感栅构成应变片后，在轴向单向应力作用下，由于敏感栅"横栅段"（圆弧或直线）上的应变状态不同于敏感栅"直线段"上的应变，使应变片敏感栅的电阻变化较相同长度直线金属丝在单向应力作用下的电阻变化小，因此，其灵敏系数 K_0 较电阻丝的灵敏系数 K 有所降低，这种现象称为应变片的横向效应。

此时，电阻应变片的灵敏度系数定义为

$$K_0 = \frac{\frac{\Delta R}{R}}{\varepsilon_x} \tag{2-14}$$

式中，ε_x——轴向应变或纵向应变。

实验证明，电阻丝的应变灵敏系数不等于电阻丝应变片的应变灵敏系数，即 $K \neq K_0$。

由图 2-12 可见，敏感栅通常由多条轴向纵栅和圆弧横栅组成，当试件承受单向应力（沿作用力 P 的方向）时，其表面处于轴向拉伸 ε_x 和横向收缩 ε_y，弯角部分的电阻变化由两部分组成：一部分是纵向应变 ε_x 造成的电阻增加；另一部分是横向应变 ε_y 造成电阻减小。经推导可得此时的电阻应变片的灵敏度系数：

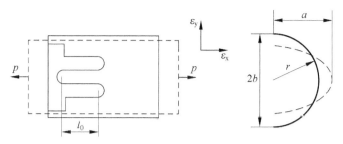

图 2-12 放大的栅状电阻应变片及弯角部分

$$K_0 = \frac{\frac{\Delta R}{R}}{\varepsilon_x} = K \cdot \frac{\left[n + (n-1) \cdot \frac{\pi r}{2l_0}(1-\mu) \right]}{n + (n-1)\frac{\pi r}{l_0}} \qquad (2-15)$$

式中，n——直线部分栅丝的数目；

$n-1$——弯角部分的个数。

可见 $K_0 < K$，也就是说，应变片存在横向效应使应变片的灵敏系数小于电阻丝的应变灵敏度系数。

横向效应在圆弧段产生，消除圆弧段即可消除横向效应。为了减小横向效应产生的测量误差，现在一般多采用箔式应变片，其圆弧部分尺寸较栅丝尺寸大得多，电阻值较小，因而电阻变化量也就小得多。

（四）电阻应变片温度误差及补偿

由于测量现场环境温度的改变而给测量带来的附加误差，称为应变片的温度误差。

理想情况下，$\frac{\Delta R}{R} = f(\varepsilon)$，即应变片的输出电阻是应变的一元函数；但实际上应变片输出电阻还和温度有关，即 $\frac{\Delta R}{R} = g(\varepsilon, t)$。

1. 温度变化引起电阻变化的原因

主要有以下两点：

① 敏感栅电阻本身阻值就是温度的函数，

$$R_{t_1} = R_{t_0} \cdot (1 + \alpha_0 \Delta t) \qquad (2-16)$$

式中，α_0——应变片电阻温度系数；

R_{t_1}、R_{t_0}——分别为 t_1 与 t_0 温度下的电阻值；

$\Delta t = t_1 - t_0$——温差。

因此当温度变化 Δt 时，电阻丝电阻的变化值为

$$\Delta R_{t\beta} = R_{t1} - R_{t0} = \Delta t \cdot \alpha_0 \cdot R_{t0} \qquad (2-17)$$

② 试件材料与应变片材料热膨胀系数不同。

将应变片贴在试件上时，随着温度的变化，试件会伸长或缩短，应变片也会伸长或缩短，但由于两种材料热膨胀系数不同，其伸长或缩短的大小也不同，所以会产生附加变形而引起电阻的变化。其电阻增量表达式为

$$\Delta R_{t\beta} = R_{t_0} k_0 (\beta_g - \beta_s) \cdot \Delta t \qquad (2-18)$$

式中，$\Delta R_{t\beta}$——由热膨胀系数不同产生的电阻增量；

  β_g，β_s——分别为试件、电阻丝的（长度）热膨胀系数。

2. 温度补偿

如果对温度变化引起的电阻相对变化不加补偿，则应变片几乎不能应用。补偿温度误差的办法有多种，其中最常用的补偿方法是电路补偿法，在这里重点讨论差动电桥线路补偿法，如图 2-13 所示。

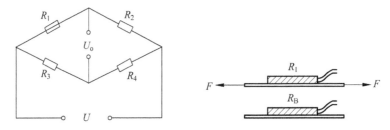

图 2-13 差动电桥补偿法

（1）补偿原理

电桥相临两臂增加相同电阻，对电桥输出无影响。电桥输出电压 U_o 与桥臂参数的关系为

$$U_o = \left(\frac{R_1}{R_1 + R_B} - \frac{R_3}{R_3 + R_4}\right)U = \frac{R_1 R_4 - R_B R_3}{(R_1 + R_B)(R_3 + R_4)}U \qquad (2\text{-}19)$$

$$U_o = A(R_1 R_4 - R_B R_3) \qquad (2\text{-}20)$$

式中，A——由桥臂电阻和电源电压决定的常数；

  R_1——工作应变片的电阻；

  R_B——补偿应变片的电阻。

当 R_3 和 R_4 为常数时，使 R_1 和 R_B 对输出电压的作用方向相反，具体做法是 R_1 作为工作片，R_B 作为补偿片（只受温度影响），这样可实现温补偿。

（2）温度补偿条件

① $R_3 = R_4$。

② R_1 和 R_B 为特性一致的应变片，且 R_1 和 R_B 对输出电压的作用方向相反。R_1 作为工作片，R_B 作为补偿片（只受温度影响），它们处于同一温度场，且仅工作应变片 R_1 承受应变。

（3）补偿过程

当温度升高或降低 $\Delta t = t - t_0$ 时，工作应变片由 R_1 变为 $R_1 + \Delta R_{1t}$，补偿应变片由 R_B 变为 $R_B + \Delta R_{Bt}$，且 $\Delta R_{1t} = \Delta R_{Bt}$。

此时电桥输出电压为

$$U_o = A[(R_1 + \Delta R_{1t})R_4 - (R_B + \Delta R_{Bt})R_3] = 0 \qquad (2\text{-}21)$$

若此时被测试件有应变 ε 的作用，则工作应变片电阻 R_1 又有新的增量：

$$\Delta R_1 = R_1 K \varepsilon \qquad (2\text{-}22)$$

式中，k——应变灵敏度系数。

而补偿片因不承受应变，故不产生新的增量，将式（2-21）、式（2-22）代入式（2-20），此时电桥输出电压为

$$U_o = A\big[(R_1 + \Delta R_{1t} + \Delta R_1)R_4 - (R_B + \Delta R_{Bt})R_3\big]$$
$$= A\Delta R_1 R_4$$
$$= AR_1 R_4 K\varepsilon \qquad\qquad (2\text{-}23)$$

即 U_o 与 ε 成单值函数关系。

（4）补偿片的三种贴法

① 贴于专用的补偿块上，如图 2-14 所示。

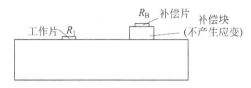

图 2-14　补偿片贴于专用的补偿块上

② 分别贴于试件的两面，如图 2-15 所示。

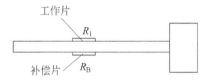

图 2-15　补偿块分别贴于试件的两面

上面受拉（压），下面受压（拉），应变绝对值相等，符号相反，但温度引起的变化是相等的（符号相同），二者相减后，温度引起的变化相抵消，而灵敏度增大一倍。

③ 工作片与受力方向一致，温度补偿片与之垂直，如图 2-16 所示。

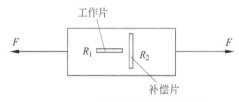

图 2-16　温度补偿片与工作片垂直

（五）应变片的主要参数

为了更好地使用应变片，还须知道应变片的主要参数。

（1）几何尺寸

应变片的几何参数有敏感栅基长、基宽、应变片的基底长和基底宽。

综合粘贴方式、定向方便及散热等方面选择应变片的尺寸。

（2）应变片的初始电阻 R

应变片的初始电阻 R 指应变片在未粘贴以前，在室温下测得的电阻。它是使用中必须知道的参数，绝大多数应变片的阻值为 60、120、200、350、600 或 1000Ω，其中最常用的是 120Ω 应变片。

（3）绝缘电阻

绝缘电阻指敏感栅与基底间的电阻值，若阻值过低，会造成应变片与试件之间的漏电而产生误差。

（4）允许工作电流

允许工作电流也就是最大工作电流，是指允许通过应变片而不影响其工作特性的最大电流值。电流大则输出大，但因本身发热则产生温度误差和漂移。

（六）电阻应变片的测量电路

由于机械应变一般都很小，要把微小应变引起的微小电阻变化测量出来，同时要把电阻相对变化 $\Delta R/R$ 转换为电压或电流的变化。因此，需要有专用测量电路用于测量应变变化而引起电阻变化，通常采用直流电桥和交流电桥。

（1）直流电桥

① 直流电桥平衡条件。

直流电桥电路如图 2-17（a）所示，不接负载电阻 R_L 时的开路电压为

$$U_o = \left(\frac{R_1}{R_1 + R_2} - \frac{R_3}{R_3 + R_4} \right) U = \frac{R_1 R_4 - R_2 R_3}{(R_1 + R_2)(R_3 + R_4)} U \tag{2-24}$$

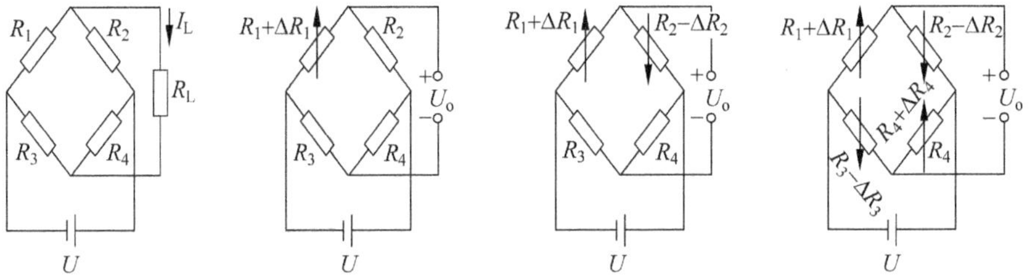

| (a) 直流电桥 | (b) 单臂电桥 | (c) 差动半桥 | (d) 全桥 |

图 2-17　直流电桥

由**戴维宁**定理可知，任何复杂的含源二端网络都可以化成一个等效的实际电压源，其电动势为该网络开路电压，其内阻为该网络的输出电阻。可将电桥看成一个实际电压源，其内阻为 $R_1//R_2 + R_3//R_4$，其电动势为 U_o。

接入负载 R_L 后，流过负载电阻的电流为

$$I_L = \frac{U_o}{R_1//R_2 + R_3//R_4 + R_L}$$

$$= \frac{R_1 R_4 - R_2 R_3}{R_L(R_1 + R_2)(R_3 + R_4) + R_1 R_2(R_3 + R_4) + R_3 R_4(R_1 + R_2)} U \tag{2-25}$$

所有电桥在使用前都需要进行平衡调整，使得 $I_L = 0$。这样得到电桥平衡条件为

$$R_1 R_4 = R_2 R_3 (或 R_1/R_2 = R_3/R_4) \tag{2-26}$$

即相对两臂电阻的乘积相等（或相邻两臂电阻的比值相等）。

② 直流电桥的电压灵敏度。

电阻应变片工作时的电阻变化很小，相应的电桥输出电压也很小，必须要对电压进一步放大，故需了解 $\Delta R/R$ 与输出电压之间的关系。假设桥臂中 R_1 为应变片，其应变产生的电阻变化为 ΔR_1，R_2、R_3、R_4 为固定电阻。

直流电桥的输出通常很小，不能用来直接驱动指示仪表，其电桥输出端接放大器的输入端，而一般放大器的输入阻抗比电桥内阻高得多，故可认为电桥输出端为开路，R_L 为

无穷大，基本无电流流过（$I_0 \to 0$），只有电压输出，这样的直流电桥叫电压输出桥，如图 2-17（b）所示。

此时电桥的输出电压为

$$U_o = \frac{R_1 + \Delta R_1}{R_1 + \Delta R_1 + R_2}U - \frac{R_3}{R_3 + R_4}U$$

$$= \frac{R_1 R_4 + R_1 R_3 + \Delta R_1 R_4 + \Delta R_1 R_3 - R_2 R_3 - R_1 R_3 - \Delta R_1 R_3}{(R_2 + R_1 + \Delta R_1)(R_4 + R_3)} \cdot U \qquad (2\text{-}27)$$

把平衡条件 $R_1 R_4 = R_2 R_3$ 代入上式，得到

$$U_o = \frac{\Delta R_1 R_4}{(R_1 + \Delta R_1 + R_2)(R_3 + R_4)} \cdot U \qquad (2\text{-}28)$$

分子分母同除以 $R_3 \cdot R_1$ 得到

$$U_o = \frac{\dfrac{R_4}{R_3} \cdot \dfrac{\Delta R_1}{R_1}}{\left(1 + \dfrac{R_2}{R_1} + \dfrac{\Delta R_1}{R_1}\right)\left(1 + \dfrac{R_4}{R_3}\right)} \cdot U \qquad (2\text{-}29)$$

令桥臂比为 $n = R_2/R_1 = R_4/R_3$，略去分母中的 $\Delta R_1/R_1$，将上式简写成

$$U_o \approx \frac{n}{(1+n)^2} \cdot \frac{\Delta R_1}{R_1} \cdot U \qquad (2\text{-}30)$$

定义 电桥电压灵敏度为

$$k_u = \frac{U_o}{\Delta R_1/R_1} = \frac{n}{(1+n)^2} \cdot U \qquad (2\text{-}31)$$

实际电桥中，常使得 $R_2 = R_1$，$R_4 = R_3$，那么 $n = 1$，则得到

$$U_o = \frac{U}{4} \cdot \frac{\Delta R_1}{R_1} \qquad (2\text{-}32)$$

$$k_u = \frac{U}{4} \qquad (2\text{-}33)$$

③ 电桥的非线性误差。

虽然是线性的，但是前面略去分母中的 $\Delta R_1/R_1$，故存在**非线性误差**。实际输出电压由式（2-29）得

$$U'_o = \frac{n \cdot \dfrac{\Delta R_1}{R_1}}{\left(1 + n + \dfrac{\Delta R_1}{R_1}\right)(1 + n)} \cdot U \qquad (2\text{-}34)$$

把 $n = 1$ 代入上式得到

$$U'_o = \frac{\dfrac{\Delta R_1}{R_1}}{2\left(2 + \dfrac{\Delta R_1}{R_1}\right)} \cdot U \qquad (2\text{-}35)$$

非线性误差为

$$\delta = \frac{U'_o - U_o}{U_o} = \frac{U'_o}{U_o} - 1 = \frac{1}{1 + \dfrac{1}{2}\dfrac{\Delta R_1}{R_1}} - 1$$

$$\approx \left(1 - \frac{1}{2}\frac{\Delta R_1}{R_1}\right) - 1 = -\frac{1}{2}\frac{\Delta R_1}{R_1} \qquad (2\text{-}36)$$

可见非线性误差 δ 与 $\Delta R_1/R_1$ 成正比，有时能达到可观测的程度。

为了减小和克服非线性误差，可采用差动电桥，如图 2-17（c）所示。在试件上安装两个工作应变片：一片受拉伸，一片受压缩。两个应变片分别接入电桥相邻的两臂，跨在电源的两端。此时电桥输出电压为

$$U_o = \left(\frac{R_1 + \Delta R_1}{R_1 + \Delta R_1 + R_2 - \Delta R_2} - \frac{R_3}{R_3 + R_4} \right) U \tag{2-37}$$

设初始时 $R_1 = R_2 = R_3 = R_4$，$\Delta R_1 = \Delta R_2$，则

$$U_o = \frac{U}{2} \cdot \frac{\Delta R_1}{R_1} \tag{2-38}$$

可见这时的输出电压 U_o 与 $\Delta R_1/R_1$ 成线性关系，没有线性误差，而且灵敏度比单臂时提高了一倍，还具有温度补偿作用。

为了提高电桥的灵敏度，或为了进行温度补偿，在桥臂中往往安置多个应变片，电桥也可采用四等臂电桥，如图 2-17（d）所示。即两个受拉应变，两个受压应变，将两个应变符号相同的接入相对桥臂上，构成全桥差动电路，若 $\Delta R_1 = \Delta R_2 = \Delta R_3 = \Delta R_4$，且 $R_1 = R_2 = R_3 = R_4$，则

$$U_o = U \cdot \frac{\Delta R_1}{R_1} \tag{2-39}$$

$$k_u = U \tag{2-40}$$

（2）交流电桥

直流电桥的优点是高稳直流电源容易获得，电桥平衡调节简单，导线分布参数影响小。但是使用直流电桥还需要后续电路，如放大电路等，这就容易产生零点漂移，且线路变得较为复杂。因此，应变电桥多采用交流电桥。

① 交流电桥的平衡条件。

交流电桥如图 2-18（a）所示，Z_1，Z_2，Z_3，Z_4 为复阻抗，$\dot{U}$ 为交流电压源，空载输出电压为

$$\dot{U}_o = \frac{Z_1 Z_4 - Z_2 Z_3}{(Z_1 + Z_2)(Z_3 + Z_4)} \dot{U} \tag{2-41}$$

要满足电桥平衡条件，即 $\dot{U}_o = 0$，则应有

$$Z_1 Z_4 - Z_2 Z_3 = 0 \text{ 或 } Z_1/Z_2 = Z_3/Z_4 \tag{2-42}$$

若用复指数形式表示复阻抗 $Z = |Z| e^{i\varphi}$，代入上式，可将上述平衡条件写成

$$\begin{cases} |Z_1||Z_4| = |Z_2||Z_3| \\ \varphi_1 + \varphi_4 = \varphi_2 + \varphi_3 \end{cases} \tag{2-43}$$

这说明交流电桥平衡需要满足两个条件：相对两桥臂复阻抗的模之积相等，辐角之和相等。

② 交流应变电桥的输出特性及平衡调节。

电桥在使用前都应进行平衡调整，即使 $Z_1 Z_4 = Z_2 Z_3$。当工作臂为 $Z_1 + \Delta Z_1$，式（2-41）分子、分母除以 $Z_1 Z_3$ 化简后可得

$$\dot{U}_o = \frac{\dfrac{Z_4}{Z_3} \cdot \dfrac{\Delta Z_1}{Z_1}}{\left(1 + \dfrac{Z_2}{Z_1} + \dfrac{\Delta Z_1}{Z_1}\right)\left(1 + \dfrac{Z_4}{Z_3}\right)} \cdot \dot{U} \tag{2-44}$$

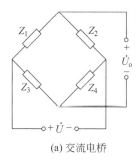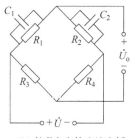

(a) 交流电桥 　　　　　　　　　(b) 考虑电容的交流电桥

图 2-18　交流电桥

略去分母中的 $\Delta Z_1/Z_1$，并设满足条件 $Z_1=Z_2$，$Z_3=Z_4$，则

$$\dot{U}_\circ = \frac{\dot{U}}{4}\frac{\Delta Z_1}{Z_1} \tag{2-45}$$

若一交流电桥如图 2-18（b）所示，其中 C_1 和 C_2 为应变片导线或电缆的分布电容。各臂复阻抗分别为 $Z_3=R_3$，$Z_4=R_4$，$Z_1=R_1/(1+j\omega R_1 C_1)$，$Z_2=R_2/(1+j\omega R_2 C_2)$，按平衡条件得到

$$\frac{R_3}{R_1}+j\omega R_3 C_1 = \frac{R_4}{R_2}+j\omega R_4 C_2 \tag{2-46}$$

实部和虚部分别相等，平衡条件也可表示为如下形式：

$$R_2/R_1=R_4/R_3 \quad \text{或} \quad R_2R_3=R_4R_1 \tag{2-47}$$

$$R_2/R_1=C_1/C_2 \quad \text{或} \quad R_1C_1=R_2C_2 \tag{2-48}$$

可见，对这种交流电容电桥，除了要满足电阻平衡条件外，还要满足电容平衡条件。因此在桥路上除了设电阻平衡调节器外，还有电容平衡调节器。常见的调平衡电路如图 2-19 所示。

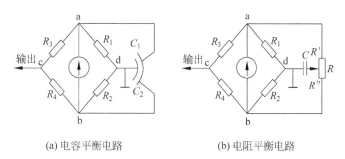

(a) 电容平衡电路 　　　　　　　　　(b) 电阻平衡电路

图 2-19　常见交流电桥的电容调平衡电路

三、压电式传感器

压电式传感器的工作原理是基于某些介质材料的压电效应，是典型的有源传感器。当某些材料受力作用而变形时，其表面会有电荷产生，从而实现非电量测量。压电式传感器具有体积小、重量轻、工作频带宽、灵敏度高、工作可靠、测量范围广等特点，因此在各种动态力、机械冲击与振动的测量，以及声学、医学、力学、宇航等方面都得到了非常广

泛的应用。

（一）压电效应的基本概念

1. 正压电效应

某些物质沿某一方向受到外力作用时，会产生变形，同时其内部产生极化现象，此时在这种材料的两个表面产生符号相反的电荷，当外力去掉后，它又重新恢复到不带电的状态，这种现象被称为压电效应。当作用力方向改变时，电荷极性也随之改变。这种机械能转化为电能的现象称为"正压电效应"或"顺压电效应"，如图 2-20 所示。

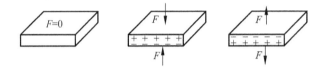

图 2-20 正（顺）压电效应示意图

2. 逆压电效应

当在某些物质的极化方向上施加电场，这些材料在某一方向上产生机械变形或机械压力；当外加电场撤去时，这些变形或应力也随之消失。这种电能转化为机械能的现象称为"逆压电效应"或"电致伸缩效应"。

3. 压电效应的特点

① 压电效应具有可逆性，如图 2-21 所示。

② 具有瞬时性。当力的方向改变时，电荷的极性随之改变，输出电压的频率与动态力的频率相同。

③ 具有不稳定性。当动态力变为静态力时，电荷将由于表面漏电而很快泄漏、消失。

图 2-21 压电效应的可逆性

（二）不同材料的压电效应

常见的压电材料可分为两类：压电单晶体和多晶体压电陶瓷。

压电单晶体主要包括石英（包括天然石英和人造石英，如图 2-22 所示）、水溶性压电晶体（包括酒石酸钾钠、酒石酸乙烯二铵、酒石酸二钾、硫酸锤等）。由于人工培养的石英晶体的物理和化学性质几乎与天然石英晶体没有区别，因此目前广泛应用成本较低的人造石英晶体。

多晶体压电陶瓷主要包括钛酸钡压电陶瓷、锆钛酸铅系压电陶瓷、铌酸盐系压电陶瓷和铌镁酸铅压电陶瓷等。

(a) 天然石英晶体　　　　　　　　　　(b) 人造石英晶体

图 2-22　石英晶体实物图

1. 石英晶体压电效应

天然石英（SiO_2）晶体如图 2-23（a）所示，它是一个正六面体，在晶体学中，用三根互相垂直的轴建立描述晶体结构形状的坐标系，如图 2-23（b）所示。石英晶体中间棱柱断面的下半部分，其断面为正六面形。z 轴是晶体的对称轴，称它为光轴，沿 z 轴方向受力时不产生压电效应；x 轴称为电轴，垂直于 x 轴晶面上的压电效应最显著；y 轴称为机械轴，在电场的作用下，沿此轴方向的机械变形最显著。如果从石英晶体上切割出一个平行六面体，如图 2-23（c）所示，称为压电晶片，在垂直于光轴的力（F_y 或 F_x）作用下，晶体会发生极化现象，并且其极化矢量是沿着电轴（x 轴），即电荷出现在垂直于电轴（x 轴）的平面上。

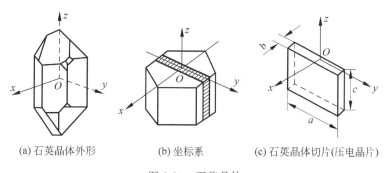

(a) 石英晶体外形　　　　　　(b) 坐标系　　　　　(c) 石英晶体切片(压电晶片)

图 2-23　石英晶体

在沿着电轴 x 方向力的作用下，产生电荷的现象称为纵向压电效应；而把沿机械轴 y 方向力的作用下，产生电荷的现象称为横向压电效应。在压电晶片上，产生电荷的极性与受力的方向有关系，图 2-24 给出了电荷极性与受力方向的关系。若沿晶片的 x 轴施加压力 F_x，则在加压的两表面上分别出现正负电荷，如图 2-24（a）所示。若沿晶片的 y 轴施加压力 F_y 时，则在加压的表面上不出现电荷，电荷仍出现在垂直 x 轴的表面上，只是电荷的极性相反，如图 2-24（c）所示。若将 x、y 轴方向施加的压力改为拉力，则产生电荷的位置不变，只是电荷的极性相反，如图 2-24（b）和图 2-24（d）所示。值得注意的是纵向（x 方向）压电效应与元件尺寸无关，而横向（y 方向）压电效应与元件尺寸有关。

2. 压电陶瓷

与石英晶体不同，压电陶瓷是人工制造的多晶体压电材料。材料内部具有类似铁磁材料磁畴结构的电畴结构，电畴是分子自发形成的区域，它有一定的极化方向，从而存在电

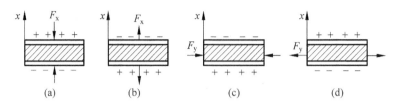

图 2-24　晶片受力方向与电荷极性的关系

场。在无外电场作用时,电畴在晶体中杂乱分布,它们的极化效应被相互抵消,压电陶瓷内极化强度为零。因此原始的压电陶瓷呈中性,不具有压电性质。

在压电陶瓷上施加外电场时,电畴的极化方向发生转动,趋向于按外电场方向的排列,从而使材料得到极化。外电场强度大到使材料的极化达到饱和的程度,即所有电畴极化方向都整齐地与外电场方向一致时,当外电场去掉后,电畴的极化方向基本不变化,即剩余极化强度很大,这时材料才具有压电特性,如图 2-25 所示。

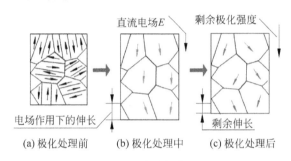

图 2-25　压电陶瓷极化过程图

(三) 压电式传感器的等效电路

1. 压电式传感器的测量特性

压电式传感器基本原理为压电材料的压电效应,即当有力作用在压电材料上时,传感器就有电荷或电压输出。压电式传感器不能用于静态测量,外力作用在压电材料上产生的电荷只有在无泄漏的情况下才能保存,需要测量回路具有无限大的输入阻抗,这实际上是不可能的。压电式传感器适用于动态测量,压电材料在交变力的作用下,电荷可以不断补充,以供给测量回路一定的电流。

压电式传感器在有些测量中需要预载。压电式传感器在测量低压力时线性度不好,这主要是传感器受力系统中力传递系数为非线性所致,即低压力下力的传递损失较大。为此,在力传递系统中加入预加力,称预载。预载除了消除低压力使用中的非线性外,还可以消除传感器内外接触表面的间隙,提高刚度。拉力和拉压交变力及剪力和扭矩,只有在加预载后才能用压电式传感器测量。

2. 压电元件的连接方式

单片压电元件产生的电荷量甚微,为了提高压电传感器的输出灵敏度,在实际应用中常采用两片或两片以上同型号的压电元件粘结在一起。常见的粘结方法有并联和串联两种。

（1）压电元件的并联连接

压电元件的并联连接如图 2-26（a）所示。两片压电晶片的负电荷集中在中间电极上，正电荷集中在两侧的电极上，传感器的电容量大、输出电荷量大、时间常数也大，故这种传感器适用于测量缓变信号及电荷量输出信号。

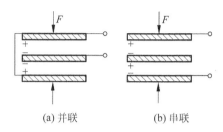

图 2-26　压电元件的并联与串联

两片压电晶片并联连接时，外力作用下正负电极上的电荷量 q' 为单片电荷量 q 的 2 倍，即 $q'=2q$；电容量 C' 为单片电容量 C 的 2 倍，即 $C'=2C$；输出电压 U' 与单片电压 U 相同，即 $U'=U$。

（2）压电元件的串联连接

压电元件的串联连接如图 2-26（b）所示。正电荷集中于上极板，负电荷集中于下极板，传感器本身的电容量小、响应快、输出电压大。这种传感器适用于测量以电压作输出的信号和频率较高的信号。

两片压电晶片串联连接时，外力作用下正负电极上的电荷量 q' 与单片电荷量 q 相同，即 $q'=q$；电容量 C' 为单片电容量 C 的 $\dfrac{1}{2}$，即 $C'=\dfrac{1}{2}C$；输出电压 U' 为单片电压 U 的 2 倍，即 $U'=2U$。

3. 压电式传感器的等效电路

（1）电荷源等效电路

电荷源等效电路如图 2-27（a）所示。

当压电晶体承受应力作用时，在其两个极面上出现极性相反但电量相等的电荷。压电传感器看成一个电荷源与一个电容并联的电荷发生器。电容量为

$$C_a = \frac{\varepsilon_r \varepsilon_0 A}{d} \tag{2-49}$$

式中，A——压电片的面积；

$\quad\quad d$——压电片的厚度；

$\quad\quad \varepsilon_r$——压电材料的相对介电常数；

$\quad\quad \varepsilon_0$——空气介电常数，$\varepsilon_0 = 8.85 \times 10^{-12}\,\mathrm{F/m}$。

（2）电压源等效电路

电压源等效电路如图 2-27（b）所示。

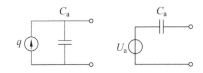

(a) 电荷源等效电路　　(b) 电压源等效电路

图 2-27　压电传感器等效电路

当两极板聚集异性电荷时，板间就呈现出一定的电压。压电传感器也可看成一个电压与一个电容串联的电压源。电压为

$$U_a = \frac{q}{C_a} \qquad\qquad (2\text{-}50)$$

式中，U_a——电压；

$\qquad q$——电荷量；

$\qquad C_a$——电容量。

（3）实际使用的电荷源和电压源等效电路

实际使用时，压电传感器通过导线与测量仪器相连接，连接导线的等效电容 C_c、前置放大器的输入电阻 R_i、输入电容 C_i 对电路的影响就必须一起考虑进去。当考虑了压电元件的漏电阻 R_a 以后，C_a 表示传感器的电容，则压电传感器完整的等效电路可表示成电荷等效电路和电压等效电路，如图 2-28 所示。

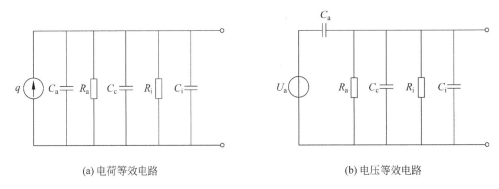

(a) 电荷等效电路　　　　　　　　　　　　(b) 电压等效电路

图 2-28　压电传感器的实际等效电路

（四）压电式传感器测量电路

压电式传感器本身内阻抗很高，输出电信号很微弱，通常把传感器信号先输入到高输入阻抗的前置放大器中，经过阻抗变换以后，方可用一般的放大检波电路再将信号输入到指示仪表或记录器中。

前置放大器的作用：一是将传感器的高阻抗输出变换为低阻抗输出；二是放大传感器输出的微弱电信号。

压电传感器的输出可以是电压信号，也可以是电荷信号，因此前置放大器也有两种形式：一种是用电阻反馈的电压放大器，其输出电压与输入电压（传感器的输出）成正比；另一种是用带电容板反馈的电荷放大器，其输出电压与输入电荷成正比。

（1）电压放大器

如图 2-29（a）和图 2-29（b）所示，分别是电压放大器电路原理及其等效电路。

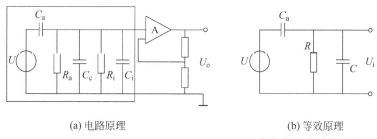

(a) 电路原理

R_a—压电元件漏电阻；C_c—连接电缆电容；
R_i、C_i—放大器输入电阻、电容

(b) 等效原理

$R=R_a//R_i$；$C=C_c//C_i=C_i+C_i$

图 2-29 电压放大器原理及其等效电路图

（2）电荷放大器

电荷放大器是一种输出电压与输入电荷量成正比的前置放大器，利用电容作反馈元件的深度负反馈的高增益运放。运算放大器输入阻抗极高，放大器输入端几乎没有分流，故可等效成略去 R_a 和 R_i 并联电阻的电路。如图 2-30 所示为电荷放大器等效电路。

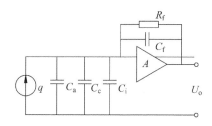

图 2-30 电荷放大器等效电路图

反馈电容 C_f 折合到放大器输入端的有效电容为 $(1+A)C_f$。电荷放大器的输出电压为：

$$U_o=-\frac{Aq}{C_a+C_c+C_i+(1+A)C_f}$$

通常放大器的电压放大倍数 $A=10^4\sim10^8\gg1$，当满足 $(1+A)C_f\gg C_a+C_c+C_i$ 时，则有

$$U_o\approx-\frac{q}{C_f} \tag{2-51}$$

电荷放电器具有以下四个特点：

① 电荷放大器的输出电压只取决于输入电荷与反馈电容，与电缆电容无关，且与电荷成正比。

② 采用电荷放大器时，即使连接电缆长度在百米以上，灵敏度也无明显变化，这是电荷放大器的最大特点。

③ 电路复杂，价格昂贵。

④ 为了得到必要的测量精度，要求反馈电容 C_f 的温度和时间稳定性都很好。在实际电路中，考虑到不同的量程等因素，C_f 的容量做成可选择的，范围一般为 $10^2\sim10^4\,\mathrm{pF}$。

（五）压电式传感器的应用

1. 压电式力传感器

压电式传感器是以压电元件为转换元件，输出电荷与作用力成正比的力-电转换装置。

图 2-31 是压电式单向测力传感器的结构图，它主要由石英晶片、绝缘套、电极、上盖及基座等组成。传感器上盖为传力元件，它的外缘壁厚为 0.1～0.5mm，当外力作用时，它将产生弹性变形，将力传递到石英晶片上。石英晶片采用 xy 切型，利用其纵向压电效应，实现力-电转换。石英晶片的尺寸为 $\phi8mm\times1mm$。该传感器的测力范围为 0～50N，最小分辨率为 0.01N，固有频率为 50～60kHz，整个传感器质量为 10g。

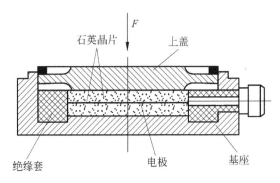

图 2-31　压力式单向测力传感器结构图

2. 压电式加速度传感器

图 2-32（a）是一种压电式加速度传感器的结构图。它主要由压电元件、质量块、预压弹簧、基座及外壳等组成。整个部件装在外壳内，并用螺栓加以固定。图 2-32（b）所示为压电式加速度传感器的实物图。

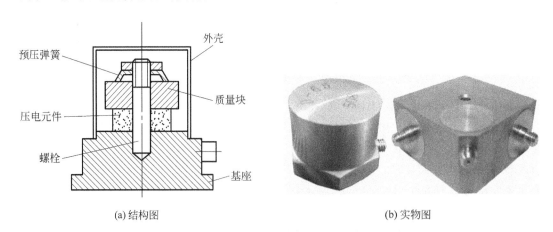

(a)结构图　　　　　　　　　　　　　(b)实物图

图 2-32　压电式加速度传感器结构图及实物图

当压电式加速度传感器和被测物一起受到冲击振动时，压电元件受质量块惯性力的作用。惯性力作用于压电元件上，产生电荷。输出电荷与加速度成正比。因此，根据加速度传感器输出电荷便可知加速度的大小。

3. 压电式金属加工切削力测量传感器

图 2-33 是利用压电陶瓷传感器测量刀具切削力的示意图。由于压电陶瓷元件的固有频率高，特别适合测量变化剧烈的载荷。图中压电传感器位于车刀前部的下方，当进行切削加工时，切削力通过刀具传给压电传感器，压电传感器将切削力转换为电信号输出，记录下电信号的变化便测得切削力的变化。

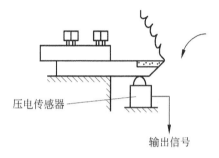

图 2-33　压电式刀具切削力测力示意图

4. 压电式玻璃破碎报警器

BS-D2 压电式传感器是专门用于检测玻璃破碎的一种传感器，它利用压电元件对振动敏感的特性来感知玻璃受撞击和破碎时产生的振动波。传感器把振动波转换成电压输出，输出电压经放大、滤波、比较等处理后提供给报警系统。

BS-D2 压电式玻璃破碎传感器的外形及内部电路如图 2-34 所示。传感器的最小输出电压为 100mV，最大输出电压为 100V，内阻抗为 15～20kΩ。

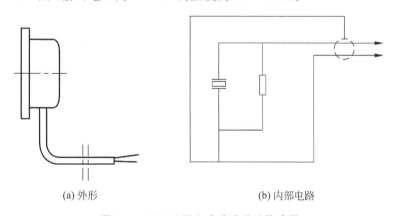

(a) 外形　　　　　　　　　　　(b) 内部电路

图 2-34　BS-D2 压电式玻璃破碎传感器

报警器的电路框图如图 2-35 所示。使用时传感器用胶粘贴在玻璃上，然后通过电缆和报警电路相连。为了提高报警器的灵敏度，信号经放大后，需经带通滤波器进行滤波，要求它对选定的频谱通带的衰减要小，而通带外衰减要尽量大。由于玻璃振动的波长在音

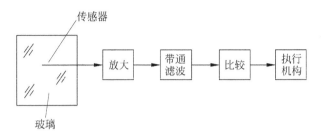

图 2-35　压电式玻璃破碎报警器电路框图

频和超声波的范围内，这就使滤波器成为电路中的关键。当传感器输出信号高于设定的阈值时，才会输出报警信号，驱动报警执行机构工作。

5. 压电式声传感器

当交变信号加在压电陶瓷片两端面时，因压电陶瓷的逆压电效应，陶瓷片会在电极方向产生周期性的伸长和缩短，产生振动发射声波，如图 2-36 所示。当一定频率的声频信号加在压电陶瓷片上时，压电陶瓷片受到外力作用而产生压缩变形，压电陶瓷上因正压电效应出现充、放电现象，声频信号转换成交变电信号，接收声频信号。如果换能器中压电陶瓷的振荡频率在超声波范围，则发射或接收的声频信号即为超声波，这样的换能器称为压电超声换能器。

6. 压电式传感器管道检漏

如图 2-37 所示的压电式传感器管道检漏示意图，地面下一均匀的自来水直管道某处 O 发生漏水，水漏引起的振动从 O 点向管道两端传播，在管道上 A、B 两点放两只压电传感器，从两个传感器接收到的由 O 点传来的 t_0 时刻发出的振动信号所用时间差可计算出 L_A 或 L_B。

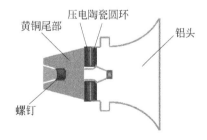

图 2-36　压电陶瓷换能器结构图

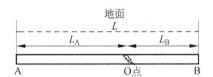

图 2-37　压电式传感器管道检漏示意图

此外，用压电陶瓷将外力转换成电能的特性，可以生产出不用火石的压电打火机、煤气灶打火开关、炮弹触发引信等。压电陶瓷还可以作为敏感材料，应用于扩音器、电唱头等电声器件；用于压电地震仪，可以对人类不能感知的细微振动进行监测，并精确测出震源方位和强度，从而预测地震，减少损失。利用压电效应制作的压电驱动器具有精确控制的功能，是精密机械、微电子和生物工程等领域的重要器件。

2.4　项目实施

一、传感器的选型

以上我们了解了常用的压力传感器的原理及应用，接下来我们就根据各自的特点选择适合本系统的传感器。

本系统需要将感受到的压力转换成可用的信号输出，电阻应变片式传感器输出模拟信号，几乎不需要进行维护，故这里选用桥式电阻应变模拟传感器。当垂直的正压力或间接力作用在上面的时候，弹性体随即发生形变，产生一定的应变力，使得电阻应变片的阻抗改变。

二、输出方式的选择

根据设计要求，装置的显示器采用工业串口显示屏。如北京迪文科技有限公司的一款显示屏，参数如下：8 英寸，800×600 像素，65K 色彩色显示，其内部集成指令集，并自带 ASCII 码、汉字库等；可用键盘也可用触摸屏操作；所有 PC、单片机、PLC、DSP、ARM 等，显示器提供一个串行接口，波特率可达 921 600bps，通过此串口可完成图片的导入，指令、数据的发送，使用方便。

三、调制信号和连接各个装置

1. 传感器硬件电路

传感器硬件电路图如图 2-38 所示。

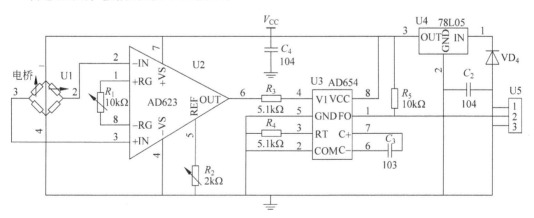

图 2-38　应变式传感器测量电路图

电阻应变片组成桥式电路如图 2-39 所示。当弹性体受到外界压力发生变形时，相应的应变片的电阻值发生变化，从而加在该电阻上的电压也跟着发生了变化，因而建立起外界压力与电桥输出的电压信号的关系。同时为了与后面放大器 AD623 的输入一致，在此采用了差模信号的输出。外界压力作用于该桥式电路就产生了相应的电压，因此它们有如下关系式：

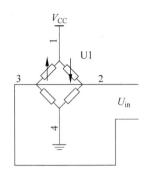

图 2-39　桥式电路图

$$U_{in} = \alpha \cdot P \qquad (2\text{-}52)$$

式中，U_{in}——一次输入电压；

　　　α——相关系数；

　　　P——压强。

由于 $P = \dfrac{F}{S}$，则式（2-52）可写成

$$U_{in} = \alpha \cdot \frac{F}{S} \qquad (2\text{-}53)$$

式中，F——外界压力；

　　　S——受力面积。

经电桥转换后电压大致在 mV 数量级，其数量级太小无法测量，需要放大。选用放大倍数功能强大且差模输入输出稳定的 AD623 芯片作为放大器，其放大倍数是可调节的，其大小受 AD623 的 1 和 8 引脚之间电阻值的控制。AD623 在单电源（3～12V）下可以提供满电源幅度输出，使用简单。AD623 放大电路如图 2-40 所示。

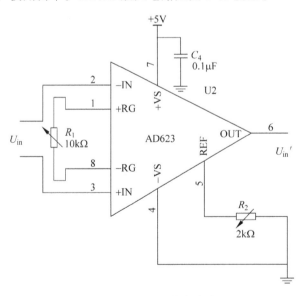

图 2-40　AD623 放大电路

经过 AD623 放大电路后，电压放大倍数关系式为：

$$U'_{in} = \beta \times U_{in} + U_{ref} \qquad (2\text{-}54)$$

式中，U'_{in}——二次输入电压；

β——AD623 的放大倍数；

U_{in}——一次输入电压；

U_{ref}——基准电压。

经过 AD623 放大后的电压信号是模拟信号，不可以直接接入单片机进行处理，采用 AD654 电压频率转换芯片。AD654 是美国模拟器件公司生产的一种低成本、8 脚封装的电压频率（V/F）转换器。它由低漂移输入放大器、精密振荡器和输出驱动级组成，使用时只需要连接 RC 网络，即可构成应用电路。AD654 既可以使用单电源供电，也可以使用双电源供电，并且工作电压范围很宽。输出频率受控于输入电压的方波。可用于信号源、信号调制解调和 A/D 变换。该芯片内部有一个晶振发生器，当 AD654 的 6 和 7 引脚之间的电容固定后，流入该芯片的电流不同就产生不同的频率，而流入的电流是 4 引脚的电压与 3 引脚对地之间的电阻的比值。AD654 转换电路如图 2-41 所示。

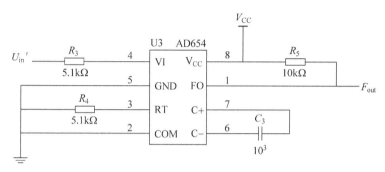

图 2-41　AD654 转换电路图

AD654 芯片的管脚中，VI 为输入放大器的同相输入引脚，当模拟输入为正电压时，从该引脚接入。RT 为输入放大器的反相输入引脚，接定时电阻。CT 为定时电容引脚，C＋、C－之间接定时电容，与定时电阻一起确定输出频率。F_{out} 为振荡信号输出引脚。COM 为逻辑地引脚，AD654 的逻辑电平可以取在 $-V_s$ 到 $+V_s-4V$ 之间。$+V_s$ 与 $-V_s$ 分别为正负电源引脚。经过 AD654 之后输出频率和电压的关系为：

$$F_{out} = \frac{U'_{in}}{10 \times R_4 \times C_3} \tag{2-55}$$

式中，F_{out}——输出频率；

U'_{in}——二次输入电压。

最后把各部件和芯片都联系在一起，形成一个整体，外界压力就转换成了与之有一定系数关系的频率信号。由式（2-53）、式（2-54）和式（2-55）可得出以下关系式：

$$F_{out} = \frac{\alpha \times \beta \times \dfrac{F}{S} + U_{ref}}{10 \times R_4 \times C_3 \times S}$$

即

$$F = \frac{10 \times R_4 \times C_3 \times S \times F_{out} - U_{ref}}{\alpha \times \beta} \tag{2-56}$$

因 R_4 和 C_3 都为固定值，因压力转换器的接触面的受力面积不变，S 也保持不变。α 的大小跟压敏电阻的本身特性相关，所以一旦选择一定型号的压敏电阻，α 保持不变，β

也保持不变。所以通过调节图 AD623 放大电路中的 R_2 可以改变 U_{ref}，来改变压力为零点的频率值；而调节 AD623 放大电路中 R_1，即改变 β 的大小就可以改变输入压力与输出频率之间的关系，最终实现了压力信号稳定转换成频率信号的目标。

这里设计的压力转换器采用了 AD623 放大芯片和 AD654 转换芯片，把采集到的压力信号稳定、线性地转换成频率信号。

2. 信号调理电路

传感器信号调理电路是频率信号从传感器输出之后进行信号处理的部分。为了避免这些输出的频率信号与其他系统上的集成模块相互干扰，通常需要在进入微处理器之前设计信号调理电路，这样可以使得电路板之外引入的外界信号与电路板内的各种信号相互隔离。常用的隔离方式有光耦隔离、变压器隔离等。如图 2-42 所示为传感器信号调理电路，所使用的方式为光耦隔离。

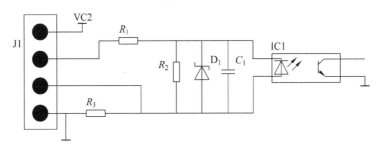

图 2-42　传感器信号调理电路

当传感器使用电路板内部电源时，J1 接入三根线；当传感器使用外部电源时，只需要用中间两个接入点。IC1 是光电耦合器，光电耦合器以光为媒介传输电信号，它对输入、输出电信号有良好的隔离作用，所以它在各种电路中得到广泛的应用。目前，它已成为种类最多、用途最广的光电器件之一。光电耦合器一般由三部分组成：光的发射、光的接收及信号放大。输入的电信号驱动发光二极管（LED），使之发出一定波长的光，被光探测器接收而产生光电流，再经过进一步放大后输出。这就完成了电-光-电的转换，从而起到输入、输出、隔离的作用。由于光电耦合器输入输出间互相隔离，电信号传输具有单向性等特点，因而具有良好的电绝缘能力和抗干扰能力。又由于光电耦合器的输入端属于电流型工作的低阻元件，因而具有很强的共模抑制能力。所以它在长线传输信息中作为终端隔离元件可以大大提高信噪比。光电耦合器的主要优点是：信号单向传输，输入端与输出端完全实现了电气隔离，输出信号对输入端无影响，抗干扰能力强，工作稳定，无触点，使用寿命长，传输效率高。

IC1 具体使用的是 4N25 光电耦合器，它是由砷化镓红外发光二极管和硅光电晶体管检测器光耦合构成，是一种发光二极管和光电晶体管面对面封装的单回路、内光路光电耦合器，也是一种晶体管输出六引脚 DIP 封装光电耦合器。该器件具有体积小、寿命长、无触点、抗干扰性能强等优点，是开关电路、逻辑电路、微控制器的隔离电路等领域中的最佳选择。它的发光二极管的反向电压为 3V，正向电流为 60mA。另外，R_1 的作用是限流，防止烧坏光耦。R_2 的作用是抬高电压，防止电压不稳定。

3. 信号通道选择电路

当由外界引入的信号路数较多时，如果直接将信号接入单片机的话就会占用较多的 IO 口，这时候通常采用多路开关来尽可能地增加单片机管脚利用的效率。多路开关可以根据控制输入端的信号使得某路信号接通而其他路信号断开，从而实现输入信号切换的功能。多路开关又称为"多路模拟转换器"。多路开关通常有 N 个模拟量输入通道和一个公共的模拟量输出，并通过地址线上不同的地址信号把 N 个通道中任意通道输入的模拟信号从公共输出端输出，实现由 1 到 N 的接通功能。

CD4051 是 8 选 1 通道数字控制模拟电子开关，有三个二进制位控制输入端 A、B、C 和 INH 输入，它相当于一个单刀八掷的开关，开关最终和哪一路接通是由输入端的 ABC 来控制的。CD4051 与单片机接线图如图 2-43 所示，其中，单片机的 P0.0、P0.1、P0.2 分别控制 CD4051 的 A、B、C，INH 直接接地。

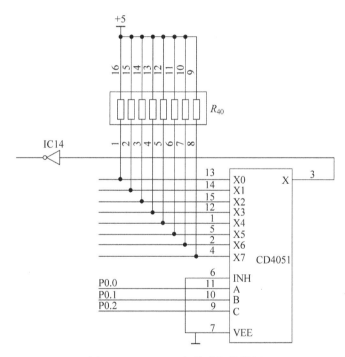

图 2-43　CD4051 与单片机接线图

当 A＝0、B＝0、C＝0 时，自动选通通道 X0；当 A＝1、B＝0、C＝0 时，自动选通通道 X1；当 A＝0、B＝1、C＝0 时，自动选通通道 X2……以此类推，按 8421 码排列，直到 A＝1、B＝1、C＝1 时，自动选通通道 X7。"INH"是禁止端，当 INH＝1 时，各通道均截止不选通。CD4051 具有低导通阻抗和很低的截止漏电流，幅值为 4.5～20V 的数字信号可控制峰值至 20V 的模拟信号。三位二进制信号选通 8 通道中的一通道，可连接该输入端至输出。

小结

通过完成本项目，你可能已经大概了解制作压力检测系统的步骤，及需要掌握的基本知识。如果这些知识你只是掌握了一点点，没有关系，当你自己亲手制作完成一个压力检测系统，你会有更深的认识。那么接下来就行动吧，查找相关资料制作一个自己独立设计的压力检测系统。

思考与练习二

1. 什么是压电效应？以石英晶体为例说明压电晶体是怎样产生压电效应的？
2. 常用的压电材料有哪些？各有哪些特点？
3. 压电式传感器能否用于静态测量？为什么？
4. 根据图 2-44 所示石英晶体切片上的受力方向，标出晶体切片上产生电荷的符号。

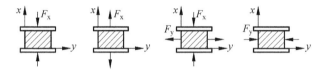

图 2-44　石英晶体的受力与电荷

5. 压电式传感器测量电路的作用是什么？其核心是解决什么问题？

项目三

恒温供水系统的温度检测

　　温度是人类最早进行检测和研究的物理量，温度单位是国际单位制（SI）七个基本单位之一。在工业生产和实验研究中，像电力、化工、石油、冶金、航空航天、机械制造、粮食存储、酒类生产等领域内，温度常常是表征对象和过程状态的最重要的参数之一。许多化学反应的工艺过程必须在适当的温度下才能正常进行，例如炼油过程中，精馏塔即利用原油混合物中各组分沸点不同实现组分分离得到汽油、柴油、煤油等产品，对塔釜、塔顶温度都必须按工艺要求分别控制在一定数值范围内，否则产品质量不合格。没有合适的温度环境，许多电子设备就不能正常工作，粮仓的储粮就会变质霉烂，酒类的品质就没有保障。因此，温度的检测是人们经常遇到的问题。

【学习目标】

1. 知识目标

① 掌握常用测温传感器的适用场合及基本测温原理；
② 掌握工业用热电阻的测温范围、型号、测量电路等；
③ 掌握半导体热敏电阻的特性及应用；
④ 掌握工业用热电偶的基本定律；
⑤ 掌握工业用热电偶的测温范围、型号、测量电路等。

2. 能力目标

① 能熟练使用热电阻传感器进行温度测量；
② 能熟练使用热电偶传感器进行温度测量。

3.1　项目描述

　　小型电热锅炉是机电一体化的产品，可将电能直接转化成热能，具有效率高、体积小、无污染、运行安全可靠、供热稳定、自动化程度高的优点，广泛应用于搅拌站、学校、工厂、酒店、宾馆、会所、医院、公共浴室、恒温泳池、健美中心、足疗中心等热水供应的场所。根据生产负荷的不同需求，锅炉需要提供不同压力和温度的蒸汽，因此对锅炉内胆等各部分的温度控制首先要建立在准确的温度检测基础上。

要求：为一个 4.5kW 三相电加热锅炉，设计一个锅炉内胆水温的检测装置，测温范围为 0～80℃；输出 4～20mA 的电流；交流 220V 电源供电。

3.2 解决方案

锅炉内胆水温的检测过程为：温度检测装置通过温度传感器测量出加热炉内的温度，并将该温度值转化为标准的电信号输出，通过显示器显示当前的炉胆水温，同时把检测输出信号送给控制器，对炉胆的水温作进一步的调节控制。比如把检测的电信号送入控制器后，在控制器内将温度检测装置测量的炉温与给定的温度值进行比较，通过控制器调整调压器的电压，使通过电阻丝的电流改变，从而调整电加热炉内胆的水温稳定在给定的温度值上。小型电热锅炉的温度控制简图如图 3-1 所示。本书只对温度检测部分做相关的讲解，温度的控制部分请参考其他相关书籍。

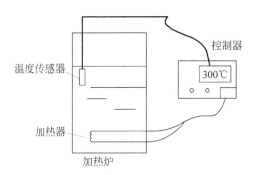

图 3-1　小型电热锅炉的温度控制简图

解决方案如图 3-1 所示，用温度传感器做探头，固定在炉胆内，对炉胆内的水温进行测量，通过显示器显示温度数值，同时将测量结果送给控制器。温度控制系统流程图如图 3-2 所示。

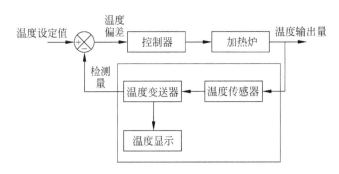

图 3-2　温度控制流程图

3.3　相关知识

在进行传感器选择之前，我们首先要了解市场上现有的温度传感器类型及原理。

温度是度量物体、物质或与其比较的介质的冷热程度的物理量。当测量温度时，一般需要将物体的冷热度与固定的温度点比较，通常使用温标表示。开尔文热力学温标使用绝对零度（0K）作为固定温度点，而摄氏温标（常称作摄氏度）采用水的冰点（0℃）和水的沸点（100℃）作为固定温度点。

温度测量范围很广，有的处于接近绝对零度的低温，有的在几千度的高温。这样宽的范围需要用各种不同的温度检测方法和测温仪表来测量。在工业上常用的温度传感器有四类，即热电偶、热电阻 RTD、热敏电阻及集成电路温度传感器。每一类温度传感器都有自己独特的温度测量范围，都有自己适用的温度环境，没有一种温度传感器可以通用于所有的用途。热电偶的可测温度范围最宽，而热电阻的测量线性度最优，热敏电阻的测量精度最高。下面详细介绍各种温度传感器的原理及应用。

一、金属热电阻

金属热电阻传感器一般称作热电阻传感器，是利用金属导体的电阻值随温度的变化而变化的原理进行测温的。

目前，热电阻使用纯金属材质的有铂（Pt）、铜（Cu）、镍（Ni）和钨（W）等，合金材质的有铑铁及铂钴等。工业中应用最广的金属热电阻是铂电阻和铜电阻。它们随温度变化的曲线如图 3-3 所示。

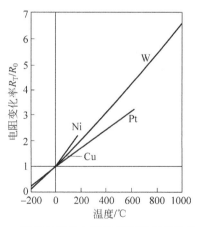

图 3-3　不同材料热电阻阻值随温度变化的曲线

1. 铂热电阻

铂电阻的特点是测温精度高、线性好、测温范围宽、稳定性和复现性好，所以在温度传感器中得到了广泛应用。使用测温范围为 $-200 \sim +850$℃的热电阻，有 Pt10（0℃时电阻值为 10Ω）和 Pt100（0℃电阻值为 100Ω）两种。Pt10 热电阻感温元件是用较粗的铂丝绕制而成，主要用于 650℃以上测温区。Pt100 热电阻主要用于 650℃以下测温区。

铂电阻的电阻-温度特性方程，在-200～0℃的温度范围内为

$$R_t = R_0[1 + At + Bt^2 + C(t - 100)t^3] \tag{3-1}$$

在 0～+850℃的温度范围内为

$$R_t = R_0(1 + At + Bt^2) \tag{3-2}$$

式中，R_0、R_t——分别为 0℃和 t℃的电阻值；

A——常数（3.96847×10^{-3}/℃）；

B——常数（-5.847×10^{-7}/℃^{2}）；

C——常数（-4.22×10^{-12}/℃^{3}）。

当选定了 R_0 值，根据式（3-1）和式（3-2）即可列出铂电阻的分度表——温度与电阻值的对照表，只要测出热电阻，通过查分度表，就可以确定被测温度。

2. 铜热电阻

在-50～150℃的温度范围内铜电阻化学、物理性能稳定，输出-输入特性接近线性，价格低廉，但电阻率低，因而体积大，热响应慢。有 Cu50（0℃时电阻值为 50Ω）和 Cu100（0℃时电阻值为 100Ω）两种热电阻。

铜电阻阻值与温度变化之间的关系可近似表示为

$$R_t = R_0(1 + At + Bt^2 + Ct^3) \tag{3-3}$$

式中，A——常量（4.28899×10^{-3}/℃）；

B——常量（-2.133×10^{-7}/℃^{2}）；

C——常量（1.233×10^{-9}/℃^{3}）。

当温度高于 100℃时铜易被氧化，因此铜热电阻适用于温度较低和没有浸蚀性的介质中工作。

3. 热电阻外形

工业上常用的热电阻主要有普通装配式热电阻和铠装热电阻两种类型。热电阻外形如图 3-4 所示。

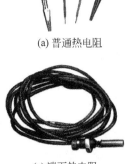

(a) 普通热电阻

(b) 铠装热电阻

(c) 端面热电阻

(d) 隔爆型热电阻

图 3-4　热电阻外形结构图

普通装配式热电阻是由感温体、不锈钢外保护管、接线盒以及各种用途的固定装置组成，安装固定装置有固定外螺纹、活动法兰盘、固定法兰和带固定螺栓锥形保护管等。铠装热电阻外保护套管采用不锈钢，内充高密度氧化物绝缘体，具有很强的抗污染性能和优良的机械强度。与前者相比，铠装热电阻具有直径小、易弯曲、抗震性好、热响应时间快、使用寿命长的优点。

4．热电阻的主要技术性能

热电阻的主要技术性能见表 3-1。

表 3-1　热电阻的主要技术性能

材　　　料	铂（WZP）	铜（WZC）
使用温度范围/℃	$-200\sim+960$	$-50\sim+150$
电阻率/（$\Omega\cdot m\times10^{-6}$）	$0.0981\sim0.106$	0.017
0～100℃间电阻温度系数 α（平均值）/（1/℃）	0.00385	0.00428
化学稳定性	在氧化性介质中较稳定，不能在还原性介质中使用，尤其在高温情况下	超过 100℃易氧化
特性	特性近于线性，性能稳定，精度高	线性较好、价格低廉、体积大
应用	适于较高温度的测量，可作标准测温装置	适于测量低温、无水分、无腐蚀性介质的温度

5．热电阻测温电路

（1）四线测温电路

在热电阻的根部两端各连接两根导线的方式称为四线制，其中两根引线为热电阻提供恒定电流 I，把 R 转换成电压信号 U，再通过另两根引线把 U 引至二次仪表。这种引线方式可以完全消除热电阻测温电路中电阻体内导线以及连线引起的误差。热电阻体采用四线连接方式如图 3-5 所示。这样方便对电阻温度计进行校正，可获得高精度的测量结果。图 3-5 所示电路中，R_x 为热电阻，G 为检流计或微电流检测器，R 为固定电阻，$R_1\sim R_4$ 为平衡调节电阻。

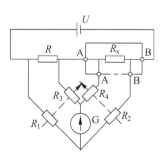

图 3-5　四线测温电路

（2）三线测温电路

如图 3-6 所示，在热电阻的根部的一端连接一根引线，另一端连接两根引线的方式称为三线制，这种方式通常与电桥配套使用，可以较好地消除引线电阻的影响，是工业过程控制中最常用的引线方式。电路使用的导线必须是材质、线径、长度及电阻值相同，而且在全长导线内温度分布相同的导线。这种方式可以消除热电阻内引线电阻的影响，适用于测温范围窄或导线长、导线途中温度易发生变化的场合。

（3）二线测温电路

如图 3-7 所示，在热电阻的两端各连接一根导线来引出电阻信号的方式叫二线制。这种引线方法很简单，但由于连接导线必然存在引线电阻 r，r 大小与导线的材质和长度的因素有关。这种接线方式配线简单，安装费用低，但不能消除连线电阻随温度变化引起的误差，不适用于高精度测温场合使用，而且，应确保连线电阻值远低于测温的热电阻值。

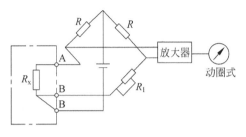

图 3-6　三线测温电路

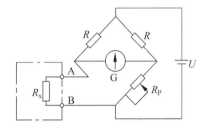

图 3-7　二线测温电路

二、热敏电阻

热敏电阻是其电阻值随温度变化而显著变化的半导体电阻。它与金属热电阻相比，具有电阻温度系数大、灵敏度高（比一般金属热电阻高 10～100 倍）；结构简单、体积小，可以测量点温度；电阻率高、热惯性小，适宜动态测量；阻值与温度变化呈线性关系；稳定性和互换性较差等特点。

1. 热敏电阻的材料及分类

热敏电阻的种类很多，分类方法也不相同。按热敏电阻的阻值与温度关系这一重要特性可分为：

① 正温度系数热敏电阻器（PTC），即电阻值随温度升高而增大的电阻器，简称 PTC 热敏阻器。它的主要材料是掺杂的 $BaTiO_3$ 半导体陶瓷。

② 负温度系数热敏电阻器（NTC），即电阻值随温度升高而下降的热敏电阻器，简称 NTC 热敏电阻器。它的材料主要是一些过渡金属氧化物半导体陶瓷。

③ 突变型负温度系数热敏电阻器（CTR），该类电阻器的电阻值在某特定温度范围内随温度升高而降低 3～4 个数量级，即具有很大负温度系数。其主要材料是 VO_2 并添加一些金属氧化物。

各种类型的热敏电阻电阻率随温度的变化关系曲线如图 3-8 所示。

各种材料的热敏电阻的使用温度范围见表 3-2。

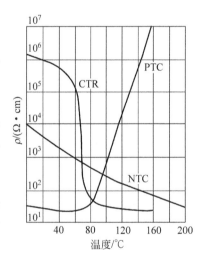

图 3-8　热敏电阻电阻率随温度的
变化关系曲线

表 3-2　各种材料的热敏电阻的使用温度范围

热敏电阻的种类	使用温度范围	基本原则
NCT 热敏电阻	超低温 $1 \times 10^{-3} \sim 100K$	碳、锗、硅
	低温 $-130 \sim 0℃$	在常用组成中添加铜，降低电阻
	常温 $50 \sim 350℃$	锰、镍、钴、铁等过渡族金属氧化物的烧结体
	中温 $150 \sim 750℃$	Al_2O_3＋过渡族氧化物的烧结体
	高温 $500 \sim 1300℃$	ZrO_2＋Y_2O_3 复合烧结体
	$1300 \sim 2000℃$	原材料同上，但只能短时测量
PTC 热敏电阻	$-50 \sim 150℃$	以 $BaTiO_3$ 为主的烧结体
CTR 热敏电阻	$0 \sim 350℃$	BaO、P 与 B 的酸性氧化物，硅的酸性氧化物，MgO、CuO、SrO、B、Pb、La 等氧化物，由上述材料构成的烧结体

2. 热敏电阻的外形及应用领域

常用热敏电阻的外形如图 3-9 所示。

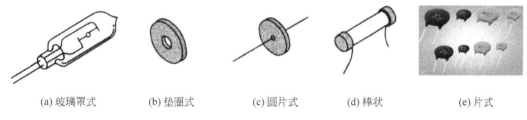

(a) 玻璃罩式　　　(b) 垫圈式　　　(c) 圆片式　　　(d) 棒状　　　(e) 片式

图 3-9　常用的热敏电阻的外形

　　NTC 热敏电阻常用于温度测量、温度补偿和电流限制等，适合制造连续作用的温度传感器；PTC 热敏电阻常用于温度开关、恒温控制和防止冲击电流等。

3. 热敏电阻测温电路

热敏电阻测温电路的基本连接方式如图 3-10 所示。

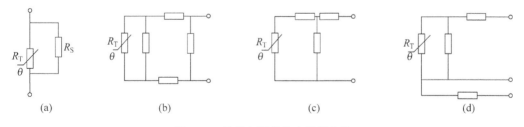

(a)　　　　　　(b)　　　　　　(c)　　　　　　(d)

图 3-10　热敏电阻的基本测温电路

　　图 3-10（a）是一个热敏电阻 R_T 与一个电阻 R_S 的并联方式，这可简单构成线性电路，若在 50℃ 以下的范围内，其非线性可抑制在 ±1% 以内，并联电阻 R_S 的阻值为热敏电阻 R_T 阻值的 0.35。图 3-10（b）和图 3-10（c）为合成电阻方式，温度系数小，适用于宽范围的温度测量，测量精度也较高。图 3-10（d）为比率式，电路构成简单，具有较好的线性。

三、热电偶

1. 热电偶的工作原理

两种不同的导体或半导体 A 和 B 组合成如图 3-11 所示闭合回路，若导体 A 和 B 的连接处温度不同（设 $T > T_0$），则在此闭合回路中就有电流产生，也就是说回路中有电动势存在，这种现象叫做热电效应。

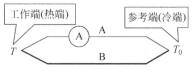

图 3-11　热电偶原理图

导体 A 和 B 称为热电极，通常把两热电极的一个端点固定焊接，用于对被测介质进行温度测量，这一接点称为测量端或工作端，俗称热端；两热电极另一接点处通常保持为某一恒定温度或室温，被称作基准点或参考端，俗称冷端。

若将热电偶的两端分别放在温度不同的环境中（T_0 和 T），则在热电偶回路中将产生电流，即可实现温度的测量。热电偶回路中产生的电流所对应的电动势称为热电势。

热电势是由接触电势和温差电势两部分组成，其大小与两端点的温差有关，还与所采用的材料性质有关。

（1）接触电势

接触电势是指两种不同导体的自由电子密度不同而在接触处形成的电动势。两种不同的导体 A 与 B 接触时，由于材料不同，两者自由电子的密度不同，若 $N_A > N_B$，则在单位时间内，从导体 A 扩散到导体 B 的自由电子数比相反方向的多，即自由电子主要从导体 A 扩散到导体 B，这时 A 导体因失去电子带正电荷，B 导体因得到电子带负电荷，因而在接触面上形成了自 A 到 B 的内部静电场 E_s，如图 3-12 所示。这个电场将阻碍扩散作用的继续，同时加速电子反方向转移，使从 B 到 A 的电子增多，最后达到动态平衡状态。此时，A 与 B 之间产生了电位差，即接触电势 $e_{AB}(T)$。其大小可用下式表示：

$$e_{AB}(T) = \frac{kT}{e} \ln \frac{N_A}{N_B} \tag{3-4}$$

式中，$e_{AB}(T)$——导体 A 与 B 结点在温度 T 时形成的接触电动势；

　　　e——单位电荷，$e = 1.6 \times 10^{-19} \mathrm{C}$；

　　　k——玻尔兹曼常数，$k = 1.38 \times 10^{-23} \mathrm{J/K}$；

　　　N_A，N_B——导体 A 与 B 在温度为 T 时的电子密度。

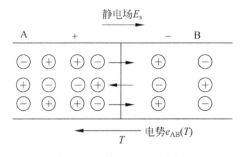

图 3-12　接触电势原理图

可见，接触电势的大小与温度高低及导体中的电子密度有关。温度越高，接触电势越大；两种导体电子密度的比值越大，接触电势也越大。

（2）温差电势

温差电势是同一导体两端因其温度不同而产生的一种热电势。当同一导体的两端温度不同时，由于高温端 T 的电子能量比低温端 T_0 的电子能量大，因而从高温端跑到低温端的电子数比从低温端跑到高温端的要来得多。结果高温端因失去电子而带上正电荷，低温端因而得到电子而带负电荷，从而在高低温端之间便形成了一个从高温端指向低温端的静电场，形成温差电势 e_A（T，T_0），如图 3-13 所示。其大小可用下式表示：

$$e_A(T,T_0) = \int_{T_0}^{T} \sigma_A \mathrm{d}T \tag{3-5}$$

式中，e_A（T，T_0）——导体 A 两端温度为 T 与 T_0 时形成的温差电动势；

　　　　T，T_0——高低端的热力学温度；

　　　　σ_A——汤姆逊系数，表示导体 A 两端的温度差为 1℃时所产生的温差电动势，例如在 0℃时，铜的 $\sigma = 2\mu\mathrm{V}/℃$。

可见温差电势 e_A（T，T_0）与导体材料中的电子密度与温度分布有关，且成积分关系。若导体为均质导体，则其电子密度只与温度有关，与导体长度、截面积大小无关，在同样温度下电子密度相同。即 e_A（T，T_0）的大小只与导体材料和两端温差有关。

（3）热电偶回路总电势

由导体材料 A 与 B 组成的闭合回路，其接点温度分别为 T 与 T_0，如果 $T > T_0$，则必存在着两个接触电势和两个温差电势，热电偶回路电势分布如图 3-14 所示，回路的总电势为

$$E_{AB}(T,T_0) = e_{AB}(T) - e_{AB}(T_0) - e_A(T,T_0) + e_B(T,T_0)$$

$$= \frac{kT}{e}\ln\frac{N_{AT}}{N_{BT}} - \frac{kT_0}{e}\ln\frac{N_{AT_0}}{N_{BT_0}} + \int_{T_0}^{T}(-\sigma_A + \sigma_B)\mathrm{d}T \tag{3-6}$$

式中，N_{AT}，N_{AT_0}——分别为导体 A 在结点温度为 T 和 T_0 时的电子密度；

　　　　N_{BT}，N_{BT_0}——分别为导体 B 在结点温度为 T 和 T_0 时的电子密度；

　　　　σ_A，σ_B——导体 A 和 B 的汤姆逊系数。

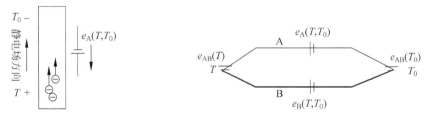

图 3-13　温差电势原理图　　　　　　　图 3-14　热电偶回路电势分布

由此可得有关热电偶的几个结论：

① 热电偶必须采用两种不同材料作为电极，否则无论热电偶两端温度如何，热电偶回路总热电势为零。

② 尽管采用两种不同的金属，若热电偶两接点温度相等，即 $T = T_0$，回路总电势为零。

③ 热电偶 A 与 B 的热电势只与结点温度有关，与材料 A 和 B 的中间各处温度无关。同样材料的热电极，其温度和电势的关系是一样的。因此，热电极材料相同的热电偶可互换。

2. 热电偶基本定律

利用热电偶测温时，必须用导线将热电偶与测量仪表连接起来。那么，这些导线和仪表以及它们之间形成的接点会不会产生新的热电势影响测量精度呢？为此引述几个热电偶的基本定律。

（1）均质导体定律

由同一种均质（电子密度处处相同）导体或半导体组成的闭合回路中，不论其截面积和长度如何，不论其各处的温度分布如何，都不能产生热电势，这就是均质导体定律。

（2）中间温度定律

热电偶 AB 在接点温度为 T、T_0 时的热电势等于该热电偶在接点温度为 T、T_n 和 T_n、T_0 时的热电势之和，即

$$E_{AB}(T, T_0) = E_{AB}(T, T_n) + E_{AB}(T_n, T_0) \tag{3-7}$$

式中，T_n——中间温度。

这就是中间温度定律。

中间温度定律为制定热电偶的分度表奠定了理论基础。使用热电偶测量温度时，通常不是利用公式计算，而是用查热电偶分度表来确定被测温度。热电偶的分度表均是以参考端 $T_0 = 0℃$ 为标准的，而热电偶在实际使用时其参考端温度不一定是 $0℃$，一般是高于 $0℃$ 的某个数值，如 $T_n = 20℃$，此时可根据公式（3-7）来修正热电势，从而得到被测温度。

实例：用镍铬-镍硅热电偶测温，参考端温度 $T_n = 20℃$，仪表测得热电势 $E(T, T_n) = 7.33\text{mV}$，求实际被测温度 T 值。

解：查镍铬-镍硅热电偶分度表（见附录 B）得

$$E(T_n, T_0) = E(20, 0) = 0.8\text{mV}$$

根据式（3-7）得

$$E(T, T_0) = E(T, T_n) + E(T_n, T_0) = 7.33\text{mV} + 0.8\text{mV} = 8.13\text{mV}$$

再查分度表得被测温度 $T = 200℃$。

（3）中间导体定律

在热电偶 AB 回路中接入第三种金属导体 C，如图 3-15 所示，只要该金属导体 C 与金属导体 A、B 的两个结点处在同一温度，则此导体对于回路总的热电势没有影响，称为中间导体定律。热电偶回路接入中间导体 C 后的热电势为

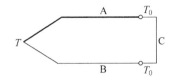

图 3-15　具有中间导体的热电偶回路

$$E_{ABC}(T, T_0) = e_{AB}(T) + e_{BC}(T_0) + e_{CA}(T_0) +$$
$$e_A(T_0, T) + e_B(T, T_0) + e_C(T_0, T_0)$$

$$e_{BC}(T_0) + e_{CA}(T_0) = \frac{kT_0}{e}\ln\frac{N_B}{N_C} + \frac{kT_0}{e}\ln\frac{N_C}{N_A} = \frac{kT_0}{e}\ln\frac{N_B}{N_A} = -e_{AB}(T_0)$$

$$e_C(T_0, T_0) = 0, \quad e_A(T_0, T) = -e_A(T, T_0)$$

$$E_{ABC}(T,T_0) = e_{AB}(T) - e_{AB}(T_0) + e_B(T,T_0) - e_A(T,T_0)$$
$$= E_{AB}(T,T_0)$$

(3-8)

此定律具有特别重要的实用意义，因为用热电偶测温时必须接入仪表（第三种材料），如电位计。根据此定律，只要仪表两接入点的温度保持一致，仪表的接入就不会影响热电势，接入的方式如图 3-16 所示。而且 A 与 B 结点的焊接方法也可以是任意的。

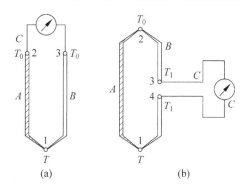

图 3-16　接入仪表（导体 C）的热电偶的两种回路

根据此定律，除可在热电偶测温回路中接入各种类型的显示仪表或调节器外，也可以推广到对液态金属材料和固态金属材料表面的温度测量。如图 3-17 所示，将热电极 A 和 B 直接插入液态金属或焊在固体金属表面上。例如，用热电偶连续测量铁水的温度就是这样的。在连续测量过程中，热电极不断地被铁水熔掉，而根据这个定律，就不需要先焊接了。

（4）参考电极定律（标准电极定律）

如图 3-18 所示为标准电极定律示意图，如果两种导体 A、B 分别与第三种导体 C 所组成的热电偶所产生的热电势是已知的，则这两种导体所组成的热电偶的热电势也是已知的，且

$$E_{AB}(T,T_0) = E_{AC}(T,T_0) - E_{BC}(T,T_0)$$

(3-9)

根据此定律，可以给出所有热电偶材料与标准电极的热电势，方便热电偶电极的选配。

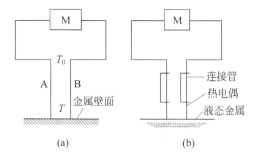

图 3-17　A 和 B 焊接在固体金属表面及插入液态金属

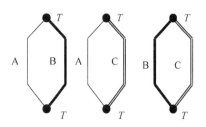

图 3-18　标准电极定律示意图

3. 热电偶的材料

常见的热电偶有铂铑-铂热电偶、镍铬-镍铝（镍铬-镍硅）热电偶和铜-康铜热电偶。

铂铑-铂热电偶用于较高温度的测量，测量范围为 0～1800℃时，误差为±15％。镍铬-镍铝（镍铬-镍硅）热电偶是贵重金属热电偶中最稳定的一种，用途很广，可在 0～1000℃（短时间可在 1300℃）温度范围使用，误差不大于 1％，其线性度较好。但这种热电偶不易做得均匀，误差比铂铑-铂大。铜-康铜热电偶用于较低的温度（0～400℃），具有较好的稳定性，尤其是在 0～100℃范围内，误差小于 0.1℃。

4. 标准热电偶

国际电工委员会（IEC）推荐了 8 种类型热电偶为标准化热电偶，即为 T 型、E 型、J 型、K 型、N 型、B 型、R 型和 S 型。

标准化热电偶的技术数据见表 3-3。

表 3-3　标准化热电偶的技术数据

名称	分度号	适用范围	测温范围/℃	热电动势/mV	优　　点
铜-铜镍	T	低温	−200～+350	−5.603/−200℃ +17.816/+350℃	最适用于−200～+100℃，适应弱氧化性环境
镍铬-铜镍	E	中温	−200～+800	−8.82/−200℃ +61.02/800℃	热电动势大
铁-铜镍	J		−200～+750	−7.89/−200℃ +42.28/750℃	热电动势大，适应还原性环境
镍铬-镍硅	K	高温	−200～+1200	−5.981/−200℃	线性度好，工业用最多，适应氧化性环境
铂铑 30-铂铑 6	B	超高温	+500～+1700	+1.241/+500℃ +12.426/+1700℃	可用到高温、适应氧化、还原性的环境
铂铑 13-铂	R		0～+1600	0/0℃ +18.842/1600℃	
铂铑 10-铂	S		0～+1600	0/0℃ +16.771/1600℃	

由表 3-3 可知：

① B、R、S 和 K 型热电偶适应氧化性环境，以及还原性环境；

② E、J 和 T 型热电偶适应还原性环境，而不适应氧化性环境。因此，要根据使用场所与周围环境选用热电偶，并将其放在保护管内使用。

③ B、R 和 S 型热电偶的线性度较差，但稳定、蠕变小，而且可靠性高，因此，适合高温情况下使用，在低温时也可用作标准热电偶。

④ 高温以外的情况下可使用 K、E、J 和 T 型热电偶，即测量温度为 1000℃时选用 K 型热电偶，测量温度为 700℃以下选用 E 型热电偶，测量温度为 600℃左右选用 J 型热电偶，测量温度为 300℃以下选用 T 型热电偶即可。

5. 热电偶的结构形式及安装工艺

（1）热电偶的结构形式

在工业生产中，热电偶有各种结构形式，如图 3-19 所示。

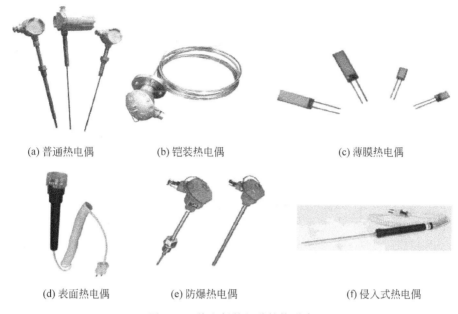

(a) 普通热电偶　　　　(b) 铠装热电偶　　　　(c) 薄膜热电偶

(d) 表面热电偶　　　　(e) 防爆热电偶　　　　(f) 侵入式热电偶

图 3-19　热电偶的几种结构形式

最常用的有普通型、铠装型和薄膜型热电偶。其中，普通型热电偶主要用于测量气体、蒸汽、液体等介质的温度；铠装型热电偶具有热容量小、动态响应快、机械强度高、挠性好、耐高压和耐冲击等特点，应用更为普遍。薄膜型热电偶是由两种金属薄膜连接而成的一种特殊结构的热电偶，它的测量端既小又薄，热容量很小，可用于微小面积上的温度测量；动态响应快，可测快速变化的表面温度。片状薄膜型热电偶如图 3-20 所示，它采用真空蒸镀法将两种电极材料蒸镀到绝缘基板上，上面再蒸镀一层二氯化硅薄膜作为绝缘和保护层。

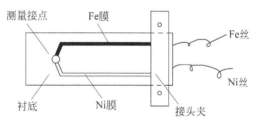

图 3-20　铁-镍薄膜热电偶

（2）热电偶的安装工艺

① 为确保测量的准确性，应根据工作压力、温度、介质等方面因素，选择合理的热电偶结构和安装方式。

② 选择测温点要具有代表性，即热电偶的工作端不应放置在被测介质的死角，应处于管道流速最大处。

③ 要合理确定插入深度。一般管道安装取 150～200mm，设备上安装取小于或等于400mm；管道安装通常使工作端处于管道中心线 1/3 管道直径区域内。

在安装中常采用直插、斜插（45°角）等插入方式，如管道较细，宜采用斜插。在斜插和管道肘管（弯头处）安装时，其端部应对着被测介质的流向（逆流），不要与被测介质形成顺流。几种插入方式安装如图 3-21 所示。

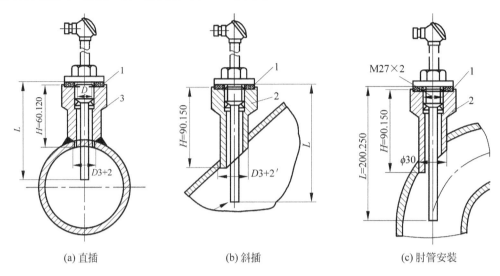

(a) 直插　　　　　　　　　(b) 斜插　　　　　　　(c) 肘管安装

1—垫片；2—45°角连接头；3—直形连接头

图 3-21　热电偶插入方式

对于在管道公称直径 $D_N < 80\text{mm}$ 的管道上安装热电偶时，可以采用扩大管，其安装方式如图 3-22 所示。

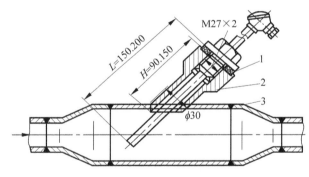

1—垫片；2—45°角连接头；3—扩大管图

图 3-22　热电偶在扩大管上的安装

④ 在测炉腔温度时，应避免热电偶与火焰直接接触，避免安装在炉门旁或与被加热物体距离过近之处。在高温设备上测温时，应尽量垂直安装。

⑤ 热电偶的接线盒引出线孔应向下，以防密封不良而使水汽、灰尘与脏物落入，影响测量精度。

⑥ 为减少测温滞后，可在保护外套管与保护管之间加装传热良好的填充物，如变压器油（<150℃）或铜屑、石英砂（>150℃）等。

6. 热电偶的应用技术

热电偶使用时有两种温度，一种是常用温度，另一种是过热温度。常用温度是在空气中连续使用时的温度，过热温度是短时间使用的温度。

热电偶的使用温度与线径有关，线径越粗使用温度越高。热电偶使用温度与线径之间的关系见表 3-4。

表 3-4　热电偶使用温度与线径之间的关系表

热电偶种类	线径/mm	常用温度/℃	过热温度/℃
T	0.32	200	250
	0.65	200	250
	1.00	250	300
	1.60	300	350
K	0.65	650	850
	1.00	750	950
	1.60	850	1050
	2.30	900	1100
	3.20	1000	1200
E	0.65	450	500
	1.00	500	550
	1.60	550	650
	2.30	600	750
	3.20	700	800
J	0.65	400	500
	1.00	450	550
	1.60	500	650
	2.30	550	750
	3.20	600	750
B	0.5	1500	1700
R S	0.5	1400	1600

由表 3-4 可知，线径越粗即使在高温环境中其耐久性越强，因此，在高温且较长时间进行温度测量时，要选用线径尽量粗的热电偶。但线径越粗响应时间会越长，因此，在对响应时间要求短，或测量距离较短时，可选用线径较细的热电偶。

7. 热电偶的冷端处理和补偿

热电偶的热电势大小不仅与热端温度的有关，而且也与冷端温度有关，只有当冷端温度恒定，通过测量热电势的大小得到热端的温度才有意义。当热电偶冷端处在温度波动较大的地方时，必须首先使用补偿导线将冷端延长到一个温度稳定的地方，再考虑将冷端处理为 0℃。

（1）基准结点

由上述原理可知，热电偶输出的热电势由其冷热两个结点间温度 T_0 和 T 差值决定，这样要获得正确的测量结果，就需要设置基准结点。通常选用冷结点（$T_0 = 0℃$）作为基准结点。

（2）对基准温度结点的补偿

理想基准结点要求温度保持恒定。但实际应用中，由于热电偶的冷、热端距离通常很近，冷端（接线盒处）又暴露于空间，受到周围环境温度波动的影响，冷端温度很难保持恒定，保持在0℃更难。因此必须采取措施，常用的方法有以下几种：

① 补偿导线法。

工业测温时，被测点与指示仪表之间往往有很长的距离，同时为了避免冷端温度受被测点温度变化的影响，也需要将热电偶的冷端远离工作端。然而，一般热电偶材料昂贵，热电偶尺寸不能过长（一般只有1m左右）。为了解决这一问题，一般采用一种廉价合金丝导线将热电偶的冷端延伸出来，这种导线称为补偿导线。

补偿导线随使用的热电偶及其构成材料的不同而不同，它要与各自对应的热电偶组合使用。补偿导线的结构如图3-23所示。

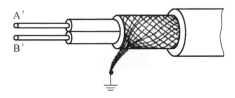

图3-23 补偿导线的结构

使用时热电偶的"＋"端要接补偿导线的"＋"（A'）侧芯线，热电偶的"－"端要接补偿导线的"－"（B'）侧芯线，如图3-24所示。

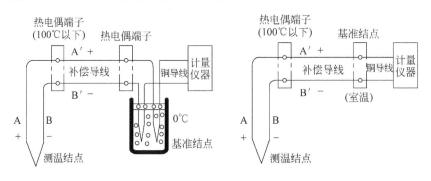

(a) 用于冰点式基准结点场合　　　　　(b) 用于室温式基准结点场合

图3-24 接有补偿导线的测量电路

采用补偿导线要注意以下两点：

其一，热电偶的长度由补偿结点的温度决定。热电偶长度与补偿导线长度要最佳配合，例如，热电偶长50cm，补偿导线长度5m为宜。热电偶与补偿导线结点（这点称为补偿结点）的温度不能超过补偿导线的使用温度。若测温结点温度高于补偿结点温度时，热电偶就需要延长，使补偿结点远离测温区，从而保证了补偿导线在规定的温度范围内使用。反之，测温结点温度低，热电偶可缩短。

其二，热电偶与计量仪器之间增加一个温度结点（补偿结点），误差要尽可能地小。为此，结点要紧靠，做到不产生温差。

② 机械零位调整法。

当热电偶与动圈式仪表配套使用时，若热电偶的冷端温度比较恒定，对测量准确度要求不高时，可在仪表未工作前将仪表机械零位调至冷端温度处。由于外线路电势输入为零，调整机械零位相当于预先给仪表输入一个电势 $E(T_0, 0)$。当接入热电偶后，外电路热电势 $E(T, T_0)$ 与表内预置电势 $E(T_0, 0)$ 叠加，使回路总电势正好为 $E(T, 0)$，仪表直接指示出热端温度 T。

在用此方法时，应先将仪表电源和输入信号切断，再将仪表指针调整到进行 T_0 刻度处。当冷端温度变化时，应及时修正指针位置。这种方法操作简单，在工业上普遍采用。

③ 电桥补偿法。

在实际热电偶测温中经常使用的是自动补偿冷端温度波动对温度指示值影响的"电桥补偿"方式，如图 3-25 所示。冷端补偿器内有一个不平衡电桥，其输出端串联在热电偶回路中。桥臂电阻 R_1、R_2、R_3 和限流电阻 R_s 用电阻温度系数极小的锰铜丝制成，可以认为其电阻值几乎不随温度变化；R_{Cu} 则用电阻温度系数大的铜丝制成，其阻值随温度升高而增大。电桥由直流稳压电源供电。

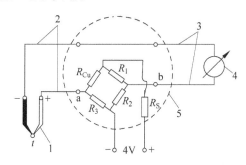

1—热电偶；2—补偿导线；3—铜导线；4—指示仪表；5—冷端补偿器

图 3-25　电桥补偿法接线图

在某一温度下，设计电桥处于平衡状态，则电桥输出电压 U_o 为 0，该温度称为电桥平衡点温度或补偿温度。此时补偿电桥对热电偶回路的热电势没有影响。

当环境温度变化时，冷端温度随之变化，热电偶的电势值随之变化 ΔU_{o1}；与此同时，R_{Cu} 的值也随环境温度变化，使电桥失去平衡，有不平衡电压 ΔU_{o2} 输出。如果设计的 ΔU_{o1} 与 ΔU_{o2} 数值相等极性相反，则叠加后互相抵消，因而起到冷端温度变化自动补偿的作用。这就相当于将冷端恒定在电桥平衡点温度。

目前，国内有标准的冷端温度补偿器供应。在使用冷端补偿器时应注意以下几点：

① 不同分度号的热电偶要配用与热电偶同型号的补偿电桥。

② 冷端温度补偿器与热电偶连接时，极性切勿接反，否则不但起不到补偿作用反而会增大温度误差。

③ 我国冷端补偿器的电桥平衡点温度为 20℃，在使用前要把显示仪表的机械零位调到相应的补偿温度 20℃ 上。

④ 补偿电桥是根据补偿温度范围内某个温度点完全补偿设计的，对范围内的其他值是近似的，在大的温度范围内补偿误差较大。

⑤ 补偿电桥的输出电压随其直流电源的电压而变化，因此其直流电源要恒定而且极

性切勿接反。

④ 冰浴法。

将热电偶的冷端延长到装有冰水混合液的瓶中，基准结点与连接热电偶和计量仪器的导线接在一起，如图 3-26 所示。由于冰水保持热平衡，因此，基准结点就保持在冰点（0℃），它消除了 T_0 不等于 0℃ 而引入的误差。

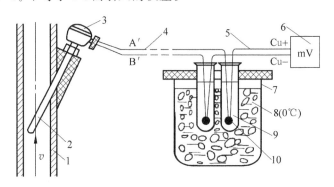

1—被测流体管道；2—热电偶（测温结点）；3—接线盒；4—补偿导线；5—铜导线；

6—毫伏表；7—冰瓶；8—冰水混合物；9—试管；10—新冷端（基准结点）

图 3-26　冰浴法接线图

冰浴法要使用洁净的饮用水，瓶中要保持水与冰处于良好的平衡状态。长时间使用时热电偶周围的冰就会溶解，若水少则冰中出现空隙，在结点周围会有空气侵入，这时就不是冰点状态；若水多则冰就会漂浮在水上，则结点就会置于水中，这时也不是冰点状态。因此，需要经常检查，随时补充水。为了避免插入深度不同引起的误差，热电偶浸入冰水的长度要足够长。为了避免冰水导电引起 T_0 处的连接点短路，必须把连接点分别置于两个玻璃试管中。由于冰融化较快，所以这种方法常用于实验室温度测量及温度计校准等要求精度较高的场合。

⑤ 计算修正法。

当热电偶的基准结点温度 $T_0 \neq 0℃$ 时，所测得的热电势值与基准结点温度为 0℃ 时的值 E_{AB}（T，0）不等，可用下式进行修正。

$$E_{AB}(T,0) = E_{AB}(T,T_0) + E_{AB}(T_0,0) \tag{3-10}$$

式中，E_{AB}（T_0，0）——基准结点温度 $T_0 \neq 0℃$ 时产生的热电势值。

这种方法适合于计算机检测系统，即通过其他方法将采集到的 T_0 输入计算机，用软件进行处理，可实现检测系统的自动补偿。

8. 热电偶实用测量电路

（1）测量某点温度的基本电路

热电偶直接和仪表配用的测温电路如图 3-27 所示。

（2）热电偶反向串联电路

将两个同型号的热电偶配用相同的补偿导线，反向串联连接，如图 3-28 所示。图中 A′、B′ 是与测量热电偶热电性质相同的补偿导线，电路中两热电势反向串联，仪表可测得 T_1 和 T_2 之间的温度差值。

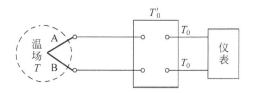

图 3-27　热电偶基本测温电路

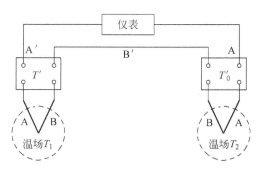

图 3-28　热电偶反向串联测量电路

（3）热电偶并联电路

用几个同型号的热电偶并联在一起，在每一个热电偶线路中分别串联均衡电阻 R，并要求热电偶都工作在线性段，如图 3-29 所示。

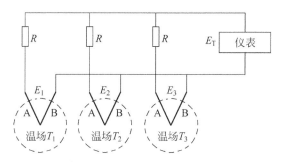

图 3-29　热电偶并联电路

根据电路理论，当仪表的输入阻抗很大时，回路中总的热电势等于热电偶输出电势之和的平均值，即

$$E_T = (E_1 + E_2 + E_3)/3$$

（4）热电偶串联电路

热电偶串联电路如图 3-30 所示。用几个同型号的热电偶依次正负相连，回路总的热电势为：

$$E_T = E_1 + E_2 + E_3$$

这种电路输出电势大，可感应较小的信号。但只要有一个热电偶断路，总的热电势消失；若热电偶短路，将会引起仪表值的下降。

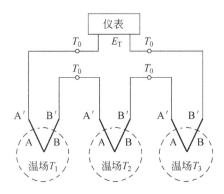

图 3-30　热电偶串联电路图

四、集成温度传感器

集成温度传感器是利用晶体管 PN 结的正向压降随温度升高而降低的特性，将晶体管的 PN 结作为感温元件，把敏感元件、放大电路和补偿电路等部分集成，并把它们封装在同一壳体里的一种一体化温度检测元件。

它与半导体热敏电阻一样具有体积小、反应快的优点外，还具有线性好、性能高、价格低、抗干扰能力强等特点，虽然由于 PN 结受耐热性能和特性范围的限制，只能用来测 1500℃ 以下的温度，但在低温测量领域仍得到了广泛的应用。

下面主要介绍常用的集成温度传感器 AD590、LM35 和智能温度控制器 DS18B20 的应用。

1. AD590 及其应用

（1）AD590 简介

AD590 是美国模拟器件公司生产的单片电流型两端集成温度传感器，其表征为一个输出电流与温度成比例的电流源。

AD590 共有 I、J、K、L、M 五挡，在出厂前已经校准，其中 M 挡精度最高，I 挡最低；在测温范围内的非线性误差，M 挡小于 $\pm 0.3℃$，I 挡小于 $\pm 10℃$，I 挡在应用时需校正。AD590 的主要特征如下。

① 线性电流输出：流过器件电流的微安数等于器件所处环境的热力学温度（开尔文）度数，即 $1\mu A/K$。

② 测温范围宽：$-55 \sim +150℃$。

③ 二端器件：电压输入，电流输出。

④ 精度高：$\pm 0.5℃$（AD590M）。

⑤ 线性度好：在整个测温范围内非线性误差小于 ± 0.3（AD590M）。

⑥ 工作电压范围宽：$4 \sim 30V$。电源由 5V 变到 10V 时，最大只有 $1\mu A$ 的电流变化，相当于 1℃ 的等效误差。可以承受 44V 的正向电压和 20V 的反向电压，因而不规则的电源变化或管脚反接也不会损坏器件。

⑦ 功耗低：1.5mW（＋5V，＋25℃）。

⑧ 输出阻抗高：710MΩ。长线上的电阻对器件工作影响不大，用绝缘良好的双绞线连接，可以使器件在距电源 25m 处正常工作。高输出阻抗又能极好地消除电源电压漂移和纹波的影响。

⑨ 器件本身与外壳绝缘。

由上述特性可知，AD590 具有单电源工作、精度高、抗干扰能力强等优点，特别适于进行运动测量。

（2）AD590 的外形和基本测温电路

AD590 采用金属壳 3 脚封装。其中，1 脚为电源正端 V＋，2 脚为电流输出端 V－，3 脚为管壳，一般不用。其外形和符号如图 3-31 所示。

AD590 用于测量热力学温度的基本电路如图 3-32 所示。因为流过 AD590 的电流与热力学温度成正比，当电阻 R_1 和电位器 R_2 的电阻之和为 $1kΩ$ 时，输出电压 u_o 随温度的变化为 1mV/K。但由于 AD590 的增益有偏差，电阻也有误差，需对电路进行调整。调整的方法为：把 AD590 放于冰水混合物中（0℃），调整电位器 R_2，使 $u_o＝273.2mV$；或在室温下（25℃）条件下调整电位器，使 $u_o＝273.2＋25＝298.2（mV）$。但这样调整只可保证在 0℃ 或 25℃ 附近有较高精度。

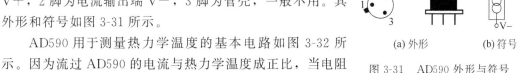

图 3-31 AD590 外形与符号

（a）外形　（b）符号

（3）AD590 的应用电路

AD590 可串联工作也可并联工作，如图 3-33 所示。将几个 AD590 单元串联使用时，显示的是几个被测温度中的最低温度；而并联可获得几个被测温度的平均值。

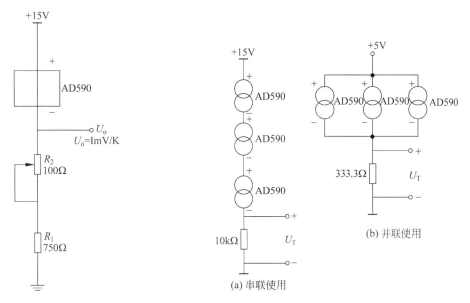

图 3-32 AD590 的基本应用电路

图 3-33 AD590 的串并联使用

（4）AD590 的应用实例

AD590 具有线性优良、性能稳定、灵敏度高、无需补偿、热容量小、抗干扰能力强、可远距离测温且使用方便等优点。可广泛应用于各种冰箱、空调器、粮仓、冰库、工业仪器配套和各种温度的测量和控制等领域。

下面以利用 AD590 构成的数字显示温度计为例来介绍其应用。

① AD590 的测温及电流/电压和绝对/摄氏温标的转换电路如图 3-34 所示。

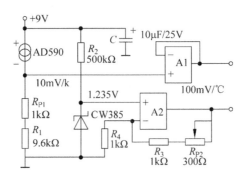

图 3-34 AD590 的测温及转换电路

图 3-34 所示电路中，运算放大器 A1 被接成电压跟随器形式，以增加信号的输入阻抗。而运放 A2 的作用是把绝对温标转换成摄氏温标，给 A2 的同相输入端输入一个恒定的电压（如 1.235V），然后将此电压放大到 2.73V。这样，A1 与 A2 输出端之间的电压即为转换成的摄氏温标。

② A/D 转换和显示电路。

用 MC14433 实现的 A/D 转换和显示电路如图 3-35 所示。

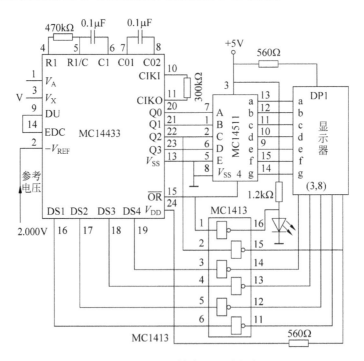

图 3-35 A/D 转换和显示电路

图 3-35 所示电路中，将图 3-34 所示电路输出的模拟电压送入 MC14433 中进行 A/D 转换，并由 MC14433 将转换后的数字量送 LED 显示器显示。其中，MC14511 为译码/锁存/驱动电路，它的输入为 BCD 码，输出为七段译码。LED 数码显示由 MC14433 的位选信号 DS1～DS4 通过达林顿阵列 MC1413 来驱动，并由 MC14433 的 DS1、Q2 端来控制"＋"、"－"温度的显示。当 DS1＝1，Q2＝1 时，显示为正，Q2＝0 时，显示为负。

2. LM35 及其应用

常用的电压输出型集成温度传感器有 LM135 系列和 LM35 两大类。其中，LM135 系列的工作方式类似于齐纳二极管，其反向击穿电压随绝对温度以＋10mV/K 的比例变化，工作电流为 0.4～5mA，动态阻抗仅为 1Ω，便于和测量仪表配接。LM135 系列具有测量精度高、应用简单、测温范围很宽等优点，LM135 测温范围为－55～＋150℃，LM235 和 LM335 测温范围分别为－40～＋125℃ 和 －40～＋100℃。另一种，LM35 具有很高的工作精度和较宽的线性工作范围，其输出电压与摄氏温度线性成比例。从使用角度来说，LM35 相比用开尔文标准的线性温度传感器更具有优势，LM35 无需外部校准或微调，可以提供±1/4℃ 的常用的室温精度，LM35 从电源吸收的电流很小（约 60μA），且几乎是不变，所以芯片自身几乎没有散热的问题。

LM35 和 LM135 系列相比，LM35 就相当于是无需校准的 LM135，而且测量精度比 LM135 高，不过价格也稍高。这里就以 LM35 为例介绍电压输出型集成温度传感器的应用。

（1）LM35 特性

① 工作电压：直流 4～30V。

② 工作电流：小于 133μA。

③ 输出电压：＋6～－1.0V。

④ 输出阻抗：1mA 负载时 0.1Ω。

⑤ 精度：0.5℃精度（在＋25℃时）。

⑥ 漏泄电流：小于 60μA。

⑦ 比例因数：线性＋10.0mV/℃。

⑧ 非线性值：±1/4℃。

⑨ 校准方式：直接用摄氏温度校准。

⑩ 封装：密封 TO-46、塑料 TO-92、贴片 SO-8 和 TO-220，如图 3-36 所示。

⑪ 使用温度范围：－35～＋150℃额定范围。

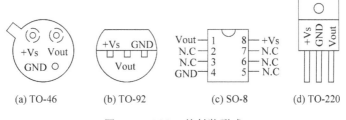

图 3-36　LM35 的封装形式

（2）LM35 的应用

① 基本应用电路。

单电源供电时，通过在输出端 Vout 接一个电阻，在 GND 引脚对地之间串接两个二极管，就可以得到全量程的温度范围，电路如图 3-37（a）所示。图中，电阻为 18kΩ 普通电阻，VD$_1$、VD$_2$ 为 1N4148，+U$_o$ 为与温度相应的输出电压。

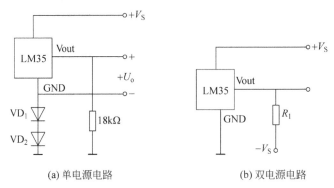

(a) 单电源电路　　　　　　　　　(b) 双电源电路

图 3-37　采用 LM35 构成的传感器电路

在双电源供电情况下，在输出端与负电源间接一个电阻，就可以得到全量程的温度范围，电路如图 3-29（b）所示。R$_1$ 的阻值由下式决定

$$R_1 = (-V_s)/50\mu A$$

② 温度/频率转换电路。

采用温度传感器 LM35D 的温度/频率转换电路如图 3-38 所示。它将 20～150℃ 的温度转换为 200～1500Hz 的 TTL 电平的输出频率信号，其测量温度范围为 −55～+150℃，灵敏度为 10mV/℃。当测温范围为 2～150℃ 时，其输出电压为 20～1500mV。电压/频率（V/F）转换器采用 LM331，R$_1$C$_1$ 构成低通滤波器滤除 LM35D 的输出噪声。R$_{P1}$ 用于调零，当温度为 2℃ 时，调整 R$_{P1}$，使输出频率 f$_o$ 为 20Hz。R$_{P2}$ 用于满量程调整，当温度为 150℃ 时，调整 R$_{P2}$，使输出频率 f$_o$ 为 1500Hz。

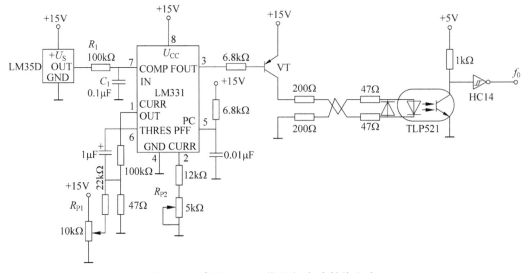

图 3-38　采用 LM35D 的温度/频率转换电路

V/F 输出通常是以 TTL 电平脉冲列传送出去，这里 LM331 输出通过 VT 放大为 0/20mA 的电流脉冲列，即电流 0 对应的逻辑 0 电平，电流 20mA 对应的逻辑 1 电平。采用扭绞二线电缆进行远距离传送，接收部分采用光耦合器 TLP521 进行隔离。0/20mA 的电流脉冲列直接驱动 TLP521，HC14 输出 f_0 为 20～1500Hz 的 TTL 电平的频率信号，接到 F/V 转换器或者计数器进行必要的处理。

3. DS18B20 智能温度控制器及其应用

（1）DS18B20 性能特点

DS18B20 的性能特点：

① 采用单总线专用技术，被测温度用符号扩展的 16 位数字量方式串行输出，无须经过其他变换电路。

② 测温范围为 -55～+125℃，测量分辨率为 0.0625℃。

③ 内含 64 位经过激光修正的只读存储器 ROM。

④ 适配各种单片机或系统机。

⑤ 用户可分别设定各路温度的上、下限。

⑥ 其工作电源既可在远端引入，也可采用寄生电源方式产生。

以上特点使 DS18B20 非常适用于远距离多点温度检测系统。

（2）DS18B20 的封装形式及内部结构

DS18B20 有 3 引脚 TO-92 小体积封装和 SOIC 封装形式，其管脚排列如图 3-39 所示。DQ 为数字信号输入/输出端；GND 为电源地；V_{DD} 为外接供电电源输入端（在寄生电源接线方式时接地）。

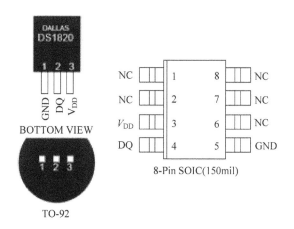

图 3-39 DS18B20 的管脚与封装

DS18B20 内部结构如图 3-40 所示，主要由 64 位光刻 ROM、温度传感器和温度传感器的存储单元三部分组成。

各部分的结构、作用和工作方式简述如下。

① 64 位光刻 ROM。ROM 中的 64 位序列号是出厂前被光刻好的，每片序列号均不相同，它可以看作是该片 DS18B20 的地址序列码。64 位光刻 ROM 的排列是：开始 8 位（28H）是产品类型标号，接着的 48 位是该 DS18B20 自身的序列号，最后 8 位是前面

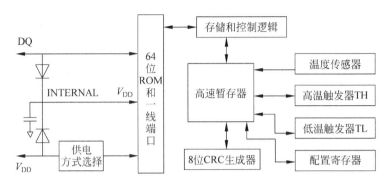

图 3-40　DS18B20 内部结构

56 位的循环冗余校验码（CRC＝X8＋X5＋X4＋1）。这样就可以实现一根总线上挂接多个 DS18B20 的目的。

② 温度传感器。DS18B20 中的温度传感器可完成对温度的测量，并以二进制补码读数形式输出。以 12 位数字转换（0.0625℃/LSB）为例：转换后得到的 12 位数据，存放在 DS18B20 的两个 8bit 的 RAM 中。二进制中的前面 5 位是符号位（用 S 表示），如果测得的温度大于 0℃，这 5 位为"0"，只要将测到的数值乘于 0.0625 即可得到实际温度值；如果温度小于 0℃，这 5 位为"1"，测到的数值需要取反加 1 再乘于 0.0625 即可得到实际温度值。在 DS18B20 的－55～＋125℃测温范围内对应的数字输出见表 3-5。

表 3-5　－55～＋125℃测温范围内对应的数字输出

温度/℃	数字输出（二进制）	数字输出（十六进制）
＋125	0000 0111 1101 0000	07D0H
＋85	0000 0101 0101 0000	0550H
＋25.0625	0000 0001 1001 0001	0191H
＋10.125	0000 0000 1010 0010	00A2H
＋0.5	0000 0000 0000 1000	0008H
0	0000 0000 0000 0000	0000H
－0.5	1111 1111 1111 1000	FFF8H
－10.125	1111 1111 0101 1110	FF5EH
－25.0625	1111 1110 0110 1111	FE6FH
－55	1111 1100 1001 0000	FC90H

③ 温度传感器的存储单元。DS18B20 温度传感器的内部存储器用于存放所测得的温度信息，包括一个高速暂存 RAM 和一个非易失性的可电擦除的 E²PROM。其中，E²PROM 存放高低温报警触发器 TH、TL 和配置寄存器。

暂存存储器包含了 8 个连续字节，其分布见表 3-6。前两个字节是测得的温度信息，第一个字节的内容是温度的低八位，第二个字节是温度的高八位，第三个和第四个字节是 TH、TL 的易失性拷贝，第五个字节是结构寄存器的易失性拷贝，这三个字节的内容在每一次上电复位时被刷新，第六、七、八个字节用于内部计算，第九个字节是冗余检验字节。

表 3-6 DS18B20 暂存寄存器分布

寄存器内容	字 节 地 址	寄存器内容	字 节 地 址
温度最低数字位	0	保留	5
温度最高数字位	1	计数剩余值	6
高温限值	2	每度计数值	7
低温限值	3	CRC 效验	8
保留	4		

高低温报警触发器 TH 和 TL、配置寄存器均由一个字节的 E^2 PROM 组成,使用一个存储器功能命令可对 TH、TL 或配置寄存器写入。其中,配置寄存器的格式如下:

TM	R1	R0	1	1	1	1	1

低五位一直都是"1",TM 是测试模式位,用于设置 DS18B20 在工作模式还是在测试模式。在 DS18B20 出厂时该位被设置为 0,用户不要去改动。R1 和 R0 用来设置分辨率,见表 3-7(DS18B20 出厂时被设置为 12 位)。

表 3-7 R1 和 R0 与分辨率对应关系

R1	R0	分辨率	温度最大转换时间/ms
0	0	9 位	93.75
0	1	10 位	187.5
1	0	11 位	375
1	1	12 位	750

(3)测温步骤

根据 DS18B20 的通信协议,主机控制 DS18B20 完成温度转换必须经过三个步骤:每一次读写之前都要对 DS18B20 进行复位,复位成功后发送一条 ROM 指令,最后发送 RAM 指令,这样才能对 DS18B20 进行预定的操作。复位要求主 CPU 将数据线下拉 $500\mu s$,然后释放,DS18B20 收到信号后等待 $16\sim60\mu s$,后发出 $60\sim240\mu s$ 的低脉冲,主 CPU 收到此信号表示复位成功。

(4)DS18B20 与单片机的典型接口

以 MCS-51 系列单片机为例,DS18B20 与 8051 的典型连接如图 3-41(a)所示。图中,DS18B20 采用寄生电源方式,其 V_{DD} 和 GND 端均接地。图 3-41(b)中 DS18B20 采用外接电源方式,其 V_{DD} 端用 $3\sim5.5V$ 电源供电。

由于 DS18B20 的一般工作协议流程是:初始化→ROM 操作指令→存储器操作指令→数据传输。所以,单片机须编写了三个子程序:初始化子程序,写(命令或数据)子程序,读数据子程序,即可完成温度的测量。

(5)DS18B20 使用中的注意事项

DS1820 虽然具有测温系统简单、测温精度高、连接方便、占用端口线少等优点,但在实际应用中也应注意以下几方面的问题:

① 由于 DS18B20 与微处理器间采用串行数据传送。因此,在对 DS18B20 进行读写编

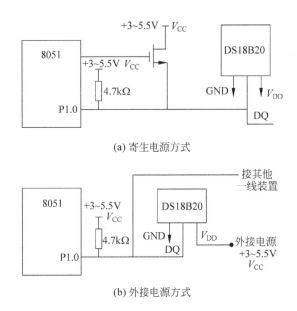

(a) 寄生电源方式

(b) 外接电源方式

图 3-41　DS18B20 与 8051 的典型连接

程时，必须严格地保证读写时序，否则将无法读取测温结果。在进行系统程序设计时，最好采用汇编语言实现。

② 单总线上所挂 DS18B20 超过 8 个时，就需要解决微处理器的总线驱动问题，在进行多点测温系统设计时要特别注意。

③ 连接 DS18B20 的总线电缆是有长度限制的。试验中，当采用普通信号电缆传输长度超过 50m 时，读取的测温数据将发生错误。当将总线电缆改为双绞线带屏蔽电缆时，正常通信距离可达 150m，当采用每米绞合次数更多的双绞线带屏蔽电缆时，正常通信距离进一步加长。因此，在用 DS18B20 进行长距离测温系统设计时要充分考虑总线分布电容和阻抗匹配问题。

④ 在 DS18B20 测温程序设计中，向 DS18B20 发出温度转换命令后，程序总要等待 DS18B20 的返回信号，一旦某个 DS18B20 接触不好或断线，当程序读该 DS18B20 时，将没有返回信号，程序进入死循环。在进行 DS18B20 硬件连接和软件设计时要综合考虑。

测温电缆线建议采用屏蔽 4 芯双绞线，其中一对线接地线与信号线，另一组接 V_{CC} 和地线，屏蔽层在电源端单点接地。

3.4　项目实施

一、传感器的选型

以上我们了解了常用的温度传感器的原理及应用，接下来我们就根据各自的特点选择适合本系统的传感器。由于是对电热锅炉内的水温进行测量，可用的温度传感器有热电阻和热电偶，热电阻最大的特点是工作在中低温区，性能稳定、测量精度高。系统中电炉的温度被控制在0～80℃之间，且水温最高是100℃，我们将温度范围选在0～100℃之间，它为中低温区。

Pt100为正温度系数的温度传感器，测量范围为-200～850℃，适合测量液体介质，经常应用在缸体、油管、轴瓦、空调、热水器、水管等工业设备的测温和控制中，具有耐高压、抗振动、测温范围宽、响应速度快、测量精度高、稳定性好、线性度高、成本低的优点，在0～100℃变化时，最大的非线性偏差小于0.5℃。

所以在这个系统中，从成本及测温范围等方面综合考虑，选择热电阻温度传感器进行温度控制是最适合的，我们选择Pt100铂热电阻传感器。对于Pt100铂电阻，Pt后的100表示它在0℃时阻值为100Ω，在100℃时它的阻值约为138.5Ω。工作原理：当Pt100在0℃的时候阻值为100Ω，它的阻值会随着温度上升相对增加；当0℃＜t＜850℃时，Pt100温度传感器阻值和温度的关系见公式（3-2）。在本设计中，该式可简化为$R_{Pt100}=$100（1+At），温度每变化1℃，R_{Pt100}近似变化0.39Ω。

二、输出方式的选择

温度检测需要将温度传感器Pt100采集的锅炉内胆的温度显示出来，因为没有特别的要求，所以采用最普通的数码管进行显示。显示电路由8位地址数据/地址锁存器74HC573和74LS138译码器组成。74HC573控制数码管相应段的亮灭，74LS138负责8个数码管哪一位被选中。通过段选信号和位选信号的时序控制使数码管工作在动态的扫描状态，并将锅炉内胆的温度值显示在LED上。数码管的连接方式有共阴极和共阳极两种。图3-42所示电路中采用的连接方式为共阴极连接。当COM端低电平时，相应的数码管被选中，此时输入端对应高电平相应的数码管被点亮，否则不亮。例如，输入端abcdefgdp全为1，左数第一个数码管的COM端为低电平，其他数码管的COM端全为高电平，则第一个数码管显示为8.，其他均不亮。74HC573是一种带有三态输出门的触发器，OE引脚（11脚）为输出使能端，低电平有效，LE引脚（1脚）为锁存控制端，当输出锁存LE为高电平时，输出状态跟随输入状态，当锁存控制端LE为低电平时，输入状态被锁存，1D～8D是数据输入端，1Q～8Q是数据输出端。在图3-42所示的电路中，可以通过跳线帽使74HC573的LE连接为高电平，也可以通过单片机的P13引脚控制输出高电平，使锁存器有效。74LS138是3位二进制输入、8位二进制输出的译码器。正常工作时，S_2和S_3为低电平，S_1为高电平，S_1的输入端既可以通过跳线帽与高电平连接，又可以通过单片机引脚输出高电平来控制，若图中$A_2A_1A_0$引脚对应输出000，则输出端Y_0为低电平，Y_n为高电平，此时左数第一个数码管工作；$A_2A_1A_0$输出为001，则Y_1输出为低电平，其余Y_n引脚输出为高电平，此时左数第二个数码管被选中。这样通过控制$A_2A_1A_0$的状态来控制8个数码管哪一个被选中，从而实现动态扫描显示，并可以节省MCS-51单片机的IO端口。

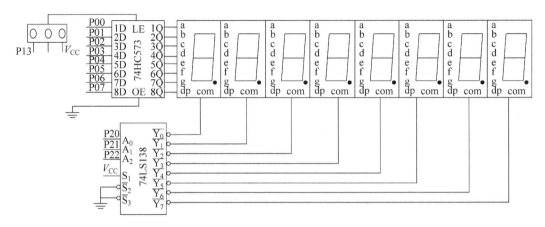

图 3-42　温度控制系统数码管显示接线图

三、调制信号和连接各个装置

1. VI转换芯片的确定

工业现场中，电压信号在长距离的传输过程中，由于输电线上有电阻，当信号到达接收端时，部分电压会消耗在输电线路上使传输信号产生误差。而且，电压信号在传输的过程中，会受到外界噪声的干扰，电流信号对噪音并不敏感，可以很好地避开噪声的影响。因此采用 4～20mA 的电流供电，4mA 表示零信号，20mA 表示满刻度信号，低于 4mA 或高于 20mA 的信号视为无效或用于报警。我们这里采用二线制，即工作电源和信号电源共用一根导线，工作电源由接收器提供，这样可以避免 50/60Hz 工频干扰。基于上述 4～20mA 电流的工业化控制标准和其抗干扰性能，选用 AD694 芯片输出 4～20mA 的电流。

2. 单片机最小系统

单片机最小系统是用最少的元器件维持单片机正常工作的电路，其原理图如图 3-43 所示，包括晶振电路、复位电路、电源系统。

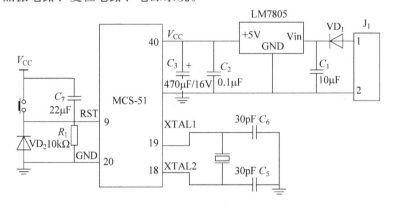

图 3-43　单片机最小系统原理图

MCS-51 单片机内部无振荡器，需要在单片机外部外接，通常应用陶瓷谐振器和电容组成振荡器的无源晶振，依靠 MCS-51 内部的时钟电路即可振荡起来，时钟频率为 12MHz。

图 3-43 所示电路采用的连接方式为交流 DC-9V 供电。J1 为电源插槽，1 脚为电源正极，2 脚为电源负极，将 DC-9V 电源连接到 J1 上，经 VD_1 和 C_1 滤波，再经 LM7805 后转换为 5V，最终由电容 C_2 与 C_3 滤波、去抖动变成稳定的 5V 电压信号输出给单片机。

3. 温度采集电路及连接

Pt100 采用两线制接法，常用的测量电路为如图 3-44 所示的惠斯登测量桥路，温度变化引起 Pt100 阻值的变化，进而引起输出电压的变化。温度为 0℃ 时，PT100 阻值为 100Ω。电桥输出的差分电压经运算放大器放大后，再经过 AD694 转化成 4～20mA 的电流信号，电流信号相对于电压信号传输，可以有效地减小在传输导线上的电压降，提高了信号的抗干扰性。根据电路原理可知，上述的测量电路为线性测量电路，当炉胆内的温度为 0℃ 时，AD694 输出 4mA 的电流；100℃ 时，输出 20mA 的电流。于是可得温度和输出电流的关系式：

$$t = \frac{100}{20-4}i - 25 = 6.25i - 25$$

式中，i——输出电流；

t——内胆的温度。

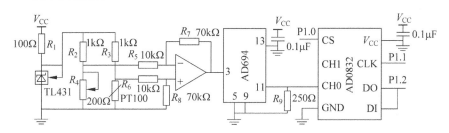

图 3-44　惠斯登测量桥路

输出的 4～20mA 电流信号外接 250Ω 的精密电阻，进而将电流信号转换成 1～5V 的电压信号，再经过 AD0832 转化为数字量输入单片机。

为保证桥路差分电压的稳定性，通过 TL431 将桥路的输入电压稳定在 2.5V。桥路 R_4 的作用：调整差分电压输出、平衡桥路。当炉胆内温度为 0℃ 时，根据 Pt100 的温度和电阻之间的关系式知，Pt100 的电阻为 100Ω，此时桥路的理论输出应该为 0V，但受到外接信号和噪声的干扰，输出的差分电压常常并非为零，此时可以调整滑动变阻器 R_4 的阻值使输出电压为零。

3.5　知识拓展

以上介绍的是用单片机为控制器，负责采集温度信号并控制显示的，下面将选用 PLC 控制器，那么如何设计这个温度采集系统呢？

如果温度采集系统选用 PLC 为控制器，将 Pt100 型热电阻检测到的实际锅炉水温通过相应的电路转化为工业上的标准电流信号（如 4～20mA），此时的电流信号为模拟量，要经过模拟量输入模块转化成数字量信号并送到 PLC 中进行相应的处理，对诸如加热程度进行控制。比如进入 PLC 进行 PID 调节，PID 控制器输出转化为 4～20mA 的电流信号输入控制可控硅电压调整器或触发板改变可控硅管导通角的大小来调节输出功率，从而调节电热丝的加热，PLC 可以和计算机组态王连接，实现系统的实时监控。

整体设计方案如图 3-45 所示。

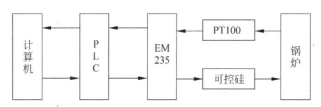

图 3-45　PLC 控制整体设计方案

在温度控制系统中，传感器测量电路将检测到的温度转换成 4～20mA 的电流信号，系统需要配置模拟量的输入模块把电流信号转换成数字信号再送入 PLC 中进行处理。比如 PLC 选用西门子 S7-200 CPU226，那么模拟量输入/输出模块可以选择西门子的 EM235。

项目四

供水管道流量监测

　　流量是现代工业自动化生产中重要的过程参数之一。在具有流动介质的工艺流程中，物料（如气体、液体或固体）通过管道在设备间来往输送和配比，生产过程中的物料平衡和能量平衡等也与流量有着密切的关系。另外在大多数工业生产中，常用测量和控制流量来确定物料的配比与耗量，实现生产过程自动化和最优控制。在环保领域中，对废水和废气的流量监测可以有效地控制污染量，减少对大气和水域的污染。在管道运输方面，对管道中介质流量的测量与控制对于管道的运输安全有着重大意义。同时，在城市生活用水方面，为了进行经济核算，需要测量一段时间内流过的水体积总量。因此，流量的检测与控制与工农业生产和人民生活密不可分。

【学习目标】

1. 知识目标

① 了解流量检测的基本知识；
② 掌握差压式流量计的结构、流量方程和安装测试特点；
③ 掌握超声波流量计的特点与使用方法；
④ 了解其他流量计的特点与使用方法；
⑤ 掌握流量检测仪表的适用场合。

2. 能力目标

能够根据不同的介质、不同的环境、不同的测量条件选择合适的流量计并掌握其安装方式。

4.1　项目描述

　　随着城市化率的提高，城市人口的增长，供水管网覆盖的范围也大幅提高，因供水管网漏损导致的水资源浪费也呈现上升趋势。如图 4-1 所示为供水管网泄漏的图片。传统的漏损控制多是采用声波原理的仪器进行检漏工作，由于不能及时发现漏水点导致泄漏时间延长、水损增大，且检测效率低，耗费的人力、物力也大。现在普遍的改进措施是整个供水管网系统划分为若干小区，在主管道及分支管道的进水口和出水口分别安装流量计，根据各管道进水流量和出水流量的差别及时判断该区域是否有漏损情况，从而采取相应的措施，保证供水系统的安全运行，提高效益。因此，对供水管道的漏损控制首先要建立在准确的管道流量检测的基础上。

图 4-1　供水管网泄漏

要求：设计一个流量计用于测量管径为 $D_N 50 \sim D_N 100$（D_N 标称通径，单位为 mm）的管道；精度要求为 ±2％；供电方式，由于现场无电源，野外安装，因此要求现场安装的流量计能自供电，且流量计要故障少，工作稳定。

4.2　解决方案

管道流量的检测过程为：将流量测量元件（流量传感器）安装在被测流体的管道内部或外部，根据流体与流量传感器相互作用的物理定律，产生一个与流量有确定关系的信号，并将此信号传送到转换器，转换器是将传感器送来的信号进行处理后变成统一的标准信号（4～20mADC 或脉冲）输出；显示器、记录仪或累积仪接收转换器送来的信号，实现对被测流体流量的指示、记录或积算。流量传感器与转换器统称为流量变送器。

解决方案如图 4-2 所示，根据被测流体的性质（如液体、气体等），根据管径的尺寸、精度要求、环境要求、价格要求等合理选用流量传感器探头，并选择相应的转换器送入显示器或记录仪用于显示或记录。

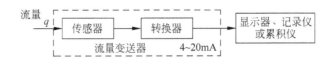

图 4-2　流量检测系统的流程框图

4.3　相关知识

一、流量的基本概念

在工业生产过程中，为了指导工艺操作、监视设备运行情况和进行经济核算，需要知道单位时间内流经管道某截面的流体的体积、质量或重量，即体积流量、质量流量或重量流量。有时也需要知道在一段时间间隔内流体流过的总量。比如贸易核算时，需要知道流量总量（单位为 m³ 或 kg）；工业的过程控制中，往往需要知道流量的大小（瞬时流量单位为 m³/h、L/h 和 kg/h）。

体积流量就是单位时间内流经管道某截面的流体的体积，单位为 m³/h、L/h。

质量流量就是单位时间内流经管道某截面的流体的质量，单位为 kg/h。

总量又称为累积流量，是指在某一时间间隔内，离经管道截面的流体的总和，流体总量一般用 m³ 或 kg 等表示。

通常把用来测量流量（瞬时流量）的仪表称为流量计，把用来计量总量的仪表称为计量表，如水表、煤气表等。

二、管内流动基本知识

1. 雷诺数

测量管内流体流量时往往必须了解其流动状态、流速分布等。雷诺数就是表征流体流动特性的一个重要参数。流体流动时的惯性力与黏性力（内摩擦力）之比称为**雷诺数**，用符号 Re 表示。

$$Re = \frac{Dv}{\gamma} \tag{4-1}$$

式中，D——产生流动的系统的特性尺寸，对管道来说，该特性尺寸就是指管道内径，m；

$\quad\quad v$——特性尺寸所规定的横截面上的平均流速，（m/s）；

$\quad\quad \gamma$——流体的运动黏度，（m²/s）。

2. 层流和紊流

充满管道截面的流体流动称为管流，管流有层流和紊流之分。所谓层流，就是流体在管道中流动的流线平行于管轴时的流动；所谓紊流，就是流体在管道内流动的流线相对混乱的流动。利用雷诺数可以判断流动的形式。当 $Re < 2300$ 时，表示流体黏性力较大，呈层流状态；$Re > 20000$ 时，表示流体惯性力较大，呈紊流状态；$2300 < Re < 20000$ 为层流到紊流的过渡区。

管道内流体的流动速度称为流速，在一般情况下，沿管道中心处的流速最大，管壁处的流速为零，轴心到管壁间的流速分布随流体的流动状态而不同，如图 4-3 所示。典型的层流流速分布呈抛物线状态，典型的紊流流速呈平头形分布。如流体黏性大，管道小，流速低，才会出现层流。工业中多为紊流，但是在弯管后和阀门后的流速分布比较复杂，管流状态对流量的精确测量有较大的影响，为此，在流量计前后应用足够的直管段，使管流呈典型流速分布。

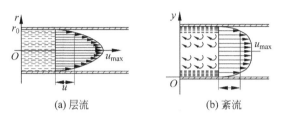

(a) 层流   (b) 紊流

图 4-3　两种典型流速分布

3. 流体流动的连续性方程和伯努利方程

(1) 连续性方程

任取一管段，设截面 I、截面 II 处的面积、流体密度和截面上流体的平均流速分别为 A_1、ρ_1、$\bar{u}_1$ 和 A_2、ρ_2、$\bar{u}_2$，根据质量守恒定律，单位时间内经过截面 I 流入管段的流体质量必等于通过截 II 流出的流体质量，即有连续性方程：

$$\rho_1 \bar{u}_1 A_1 = \rho_2 \bar{u}_2 A_2 \tag{4-2}$$

两种流体流动的示意图如图 4-4 所示。

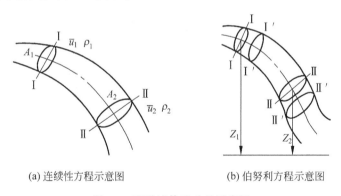

(a) 连续性方程示意图   (b) 伯努利方程示意图

图 4-4　两种流体流动的示意图

(2) 伯努利方程

当理想流体在重力作用下在管内定常流动时，对于管道中任意两个截面 I 和 II 有如下关系式（伯努利方程）：

$$gZ_1 + \frac{p_1}{\rho} + \frac{\bar{u}_1^2}{2} = gZ_2 + \frac{p_2}{\rho} + \frac{\bar{u}_2^2}{2} \tag{4-3}$$

式中，g——重力加速度；

$\quad\quad Z_1$，Z_2——截面 I 和 II 相对基准线的高度；

$\quad\quad p_1$，p_2——截面 I 和 II 上流体的静压力；

$\quad\quad \bar{u}_1$，$\bar{u}_2$——截面 I 和 II 上流体的平均流速。

实际流体具有黏性，在流动过程中要克服流体与管壁以及流体内部的相互摩擦阻力而作功，这将使流体的一部分机械能转化为热能而耗散。因此，实际流体的伯努利方程可写为：

$$gZ_1 + \frac{p_1}{\rho} + \frac{\overline{u}_1^2}{2} = gZ_2 + \frac{p_2}{\rho} + \frac{\overline{u}_2^2}{2} + h_{\text{wg}} \tag{4-4}$$

式中，h_{wg}——截面 I 和 II 之间单位质量实际流体流动产生的能量损失。

三、流量的测量方法及流量仪表的分类

1. 流量测量方法

现代工业中，流量测量应用的领域广泛，由于各种流体性质不同，测量时其状态（压力、温度）也不同，因此采用了各种各样的方法和流量仪表进行流量的测量。流量测量方法多种多样，有用于油、气、水、蒸汽等不同介质的流量测量；有用于实验室、工业、贸易等计量场合。流量测量方法大致可以归纳为以下几类：

① 利用伯努利方程原理，通过测量流体差压信号来反映流量的差压式流量测量法；
② 通过直接测量流体流速来得出流量的速度式流量测量法；
③ 利用标准小容积来连续测量流量的容积式测量；
④ 以测量流体质量流量为目的的质量流量测量法。

2. 流量仪表的分类

流量计的种类繁多，现用的超过百种，它们适合不同的工作场合。按测量原理分类，一些常用的流量计列于表 4-1 中。

表 4-1　常用流量仪表分类及性能

类别		工作原理	仪表名称		可测流体种类	适用管径/mm	测量精度/%	安装要求、特点
体积流量计	差压式流量	流体流过通管道中的阻力件时产生的压力差与流量之间有确定关系，通过测量差压值求得流量	节流式	孔板	液、气、蒸汽	50～1000	±1～2	需直管段，压损大
				喷嘴		50～500		需直管段，压损中等
				文丘里管		100～1200		需直管段，压损小
			均速管		液、气、蒸汽	25～9000	±1	需直管段，压损小
			转子流量计		液、气	4～150	±2	垂直安装
			靶式流量计		液、气、蒸汽	15～200	±1～4	需直管段
			弯管流量计		液、气		±0.5～5	需直管段，无压损
	容积式流量计	直接对仪表排出的定量流体计数确定流量	椭圆齿轮流量计		液	10～400	±0.2～0.5	无直管段要求，需装过滤器，压损中等
			腰轮流量计		液、气			
			刮板流量计		液		±0.2	无直管段要求，压损小
	速度式流量计	通过测量管道截面上流体平均流速来测量流量	涡轮流量计		液、气	4～600	±0.1～0.5	需直管段，装过滤器
			涡街流量计		液、气	150～1000	±0.5～1	需直管段
			电磁流量计		导电液体	6～2000	±0.5～1.5	直管段要求不高，无压损
			超声波流量计		液	＞10	±1	需直管段，无压损

类别		工作原理	仪表名称	可测流体种类	适用管径/mm	测量精度/%	安装要求、特点
质量流量计	直接式	直接检测与质量流量成比例的量来量测质量流量	热式质量流量计	气		±1	
			冲量式质量流量计	固体粉料		±0.2~2	
			科氏质量流量计	液、气		±0.15	
	间接式	同时测体积流量和流体密度来计算质量流量	体积流量经密度补偿	液、气		±0.5	
			温度、压力补偿				

3. 流量仪表的主要技术参数

（1）流量范围

流量范围指流量计可测的最大流量与最小流量的范围。

（2）量程和量程比

流量范围内最大流量与最小流量值之差称为流量计的量程。最大流量与最小流量的比值称为量程比，亦称流量计的范围度。

（3）允许误差和精度等级

流量仪表在规定的正常工作条件下允许的最大误差，称为该流量仪表的允许误差，一般用最大相对误差和引用误差来表示。

流量仪表的精度等级是根据允许误差的大小来划分的，其精度等级有 0.02、0.05、0.1、0.2、0.5、1.0、1.5、2.5 等。

（4）压力损失

安装在流通管道中的流量计实际上是一个阻力件，在流体流过时将造成压力损失，这将带来一定的能源消耗。压力损失通常用流量计的进、出口之间的静压差来表示，它随流量的不同而变化。

压力损失的大小是流量仪表选型的一个重要技术指标。压力损失小，流体能消耗小，输运流体的动力要求小，测量成本低，反之则能耗大，经济效益相应降低。故希望流量计的压力损失越小越好。

四、流量测量仪表

（一）差压式流量计（节流式流量计）

差压式流量计是利用安装在管道中的节流装置（如孔板、喷嘴、文丘里管等），使流体流过时产生局部收缩，在节流装置的前后形成静压差。该压差的大小与流过的流体的体积流量一一对应，利用差压计测出压差值，即间接地测出流量值。简单地说，差压式流量计是由能将被测流体的流量转换成压差信号的节流装置和能将此压差转换成对应的流量值显示出来的差压流量计所组成。由于这类流量计的结构简单、价格便宜、使用方便，又有百分之几的精度，因此是应用最广泛的一种流量计。节流式流量计由节流元件、引压管路、三阀组和差压计组成，如图 4-5 所示。图 4-6 所示为是由节流元件组成的流量检测系统。

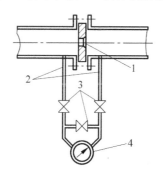

1—节流元件；2—引压管路；3—三阀组；4—差压计

图 4-5　节流式流量计组成

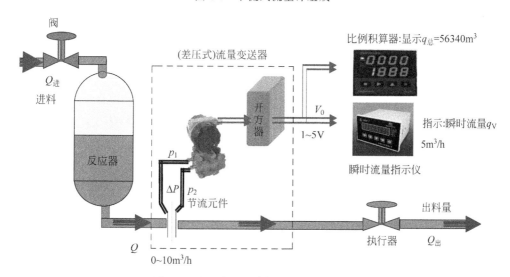

图 4-6　差压式流量计构成的流量检测系统

1. 基本原理

节流装置包括节流元件和取压装置。节流元件是使管道中的流体产生局部收缩的元件，常用的节流元件有孔板、喷嘴和文丘里管等，下面以孔板为例说明节流现象。

充满管道的流体，当它流经管道内的节流件时，如图 4-7 所示孔板前后流体的速度与压力的分布情况，流速将在节流件处形成局部收缩，因而流速增加，静压力降低，于是在节流件前后便产生了压差，这种现象称为节流现象。流体流量越大，产生的压差越大，这样可依据压差来衡量流量的大小。这种测量方法是以流动连续性方程（质量守恒定律）和伯努利方程（能量守恒定律）为基础的。

（1）流束收缩

根据能量守恒定律，管道中流体所具有的静压能和动能，再加上克服流动阻力的能量损失，在没有外加能量的情况下，其总和是不变的。流体在管道截面 1 前，以一定的流速 u_1 流动，测试的静压力为 p_1。在接近节流装置时，由于遇到节流装置的阻挡，使靠近管壁处的流体受到节流装置的阻挡作用最大，因而使一部分动能转换为静压能，出现了节流

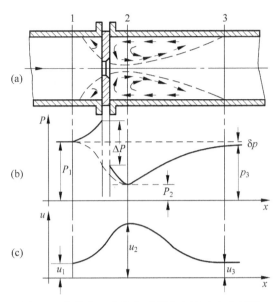

图 4-7　流体流经节流件时压力和流速变化情况

装置入口端面靠近管壁处的流体静压力升高，并且比管道中心处的压力要大，即在节流装置入口端面处产生一径向压差，这一径向压差使流体产生径向附加速度，从而使靠近管壁处的流体质点的流向与管道中心轴线相倾斜，形成了流束收缩运动。由于惯性作用，流束收缩最小的地方不在孔板的开孔处，而是在开孔处的截面 2 处。根据流体流动的连续性方程，截面 2 处的流体的流动速度最大，达到 u_2。随后流体又逐渐扩大，至截面 3 后完全恢复平稳状态，即 $u_1 = u_3$。

（2）Δp 和 δp 的产生

由于节流装置造成流束的局部收缩，使流体的流速发生变化，即动能发生变化。与此同时，表征流体静压能的静压力也在变化。在截面 1 处，流体具有静压力 p_1；到达截面 2 时，流速增加到最大值，静压力则降低到最小值 p_2，出现压力差 Δp（$\Delta p = p_1 - p_2$）；而后又随着流束的恢复而逐渐恢复。由于在孔板端面处，流通截面突然缩小和扩张，使流体形成局部涡流，要消耗一部分能量，同时流体流经孔板时，要克服摩擦力，所以流体的静压力不能恢复到原来的数值 p_1，而产生了压力损失 $\delta p = p_1 - p_3$。

压差的大小主要由流量决定，管道中流动的流体流量越大，在节流装置前后产生的压差也越大，只要测出孔板前后压差的大小，即可反映出流量的大小，这就是节流装置测量流量的基本原理。

2. 流量方程

流量基本方程是阐明流量与压差之间定量关系的基本流量公式。

体积流量：

$$q_v = \alpha \varepsilon A \sqrt{\frac{2}{\rho} \Delta p} \qquad (4-5)$$

质量流量：

$$q_m = \alpha \varepsilon A \sqrt{2\rho \Delta p} \qquad (4-6)$$

式中，q_v——体积流量，m^3/s。

　　　q_m——质量流量，kg/s。

　　　α——流量系数，它与节流装置的结构形式、取压方式、开孔截面积与管道截面积之比、雷诺数、孔口边缘锐度、管壁粗糙度等因素有关。

　　　ε——膨胀校正系数，它与孔板前后压力的相对变化量，介质的等熵指数，孔板开孔面积与管道截面积之比等因素有关。应用时可查阅有关手册，但对不可压缩的液体来说，常取 1。

　　　A——工作条件下节流件的开孔截面积。

　　　Δp——节流装置前后实际测得的压力差。

　　　ρ——节流装置前的流体密度。

由流量基本方程式可以看出，流量与压力差的平方根成正比，所以用这种流量计测量流量时，如果不加开方器，流量标尺刻度是不均匀的。起始部分的刻度很密，后来逐渐变疏。在用差压式流量计测量流量时，被测流量值不应接近于仪表的下限值，否则误差将会很大。

3. 节流装置

节流装置由节流元件、测量管段（节流元件前后的直管段）与取压装置三部分组成。

所谓节流元件就是管道中放置能使流体产生局部收缩的元件。应用最广泛的是孔板，其次是喷嘴、文丘里管等。图 4-8 和图 4-9 分别是孔板流量计和文丘里流量计的实物及原理图。这几种节流元件的使用历史较长，已经积累了丰富的实践经验和完整的实验资料，因此国内外都把它们的形式标准化，并称为标准节流装置。就是说根据统一标准进行设计和制造的标准节流装置可直接用来测量，不必单独标定。但对于非标准化的特殊节流装置，在使用时，应对其进行个别标定。

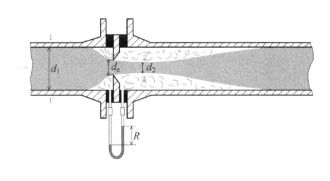

（a）实物图孔板流量计　　　　　　　　　　　　　　　　（b）孔板流量计原理图

图 4-8　孔板流量计的实物及原理图

图 4-10 中所示是标准孔板的基本结构。

标准孔板是一块具有与管道同心圆形开孔的圆板，迎流一侧是有锐利直角入口边缘的圆筒形孔，顺流的出口呈扩散的锥形。标准孔板的各部分结构尺寸、粗糙度在"标准"中都有严格的规定。

(a) 文丘里流量计实物图

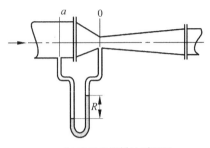

(b) 文丘里流量计原理图

图 4-9　文丘里流量计的实物及原理图

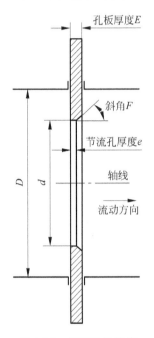

图 4-10　标准孔板结构

标准孔板结构简单，加工方便，价格便宜；但对流体造成的压力损失较大，测量精度较低，只适用于洁净流体介质的测量。此外，测量大管径高温、高压介质时，孔板易变形。

4. 节流装置的取压方式

差压式流量计的输出信号就是节流件前后取出的差压信号。不同的取压方式，即取压孔在节流件前后的位置不同，取出的差压值也不同。所以，不同的取压方式，对同一个节流件的流量系数也将不同。

根据节流装置取压口位置可将取压方式分为理论取压、角接取压、法兰取压、径距取压与损失取压五种，如图 4-11 所示。

目前广泛采用的是角接取压法，其次是法兰取压法。角接取压法比较简便，容易实现环室取压，测量精度较高。法兰取压法结构较简单，容易装配，计算也方便，但精度较角接取压法低些。

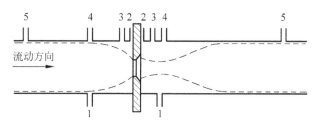

1—1—理论取压；2—2—角接取压；3—3—法兰取压；4—4—径距取压；5—5—损失取压

图 4-11　节流装置取压口位置

① 角接取压标准孔板有两种取压方式，一种为环室取压方式，另一种为单独钻孔方式，如图 4-12（a）所示。图 4-12（a）中上半部分为环室取压，P_1 由前环室取出，P_2 由后环室取出。图 4-12（a）的下半部分为单独钻孔取压，孔板上游侧的静压力 P_1 由前夹紧环取出，P_2 由后夹紧环取出。

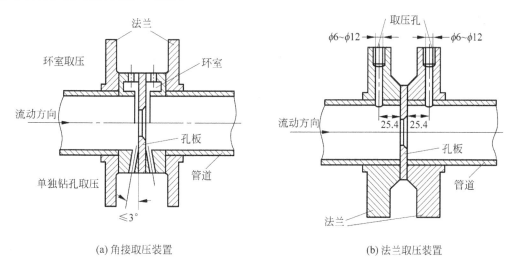

(a) 角接取压装置　　　　　　　　(b) 法兰取压装置

图 4-12　两种取压装置

② 图 4-12（b）为标准孔板使用法兰取压的安装图，从图中知法兰取压孔在法兰盘上，上下游取压孔的中心线距孔板的两个端面的距离均为（25.4±0.8）mm，并垂直于管道的轴线。取压孔直径 $d \geqslant 0.08D$，最好取 $d = 6 \sim 12$mm。

5. 测量管道条件

测量管道截面应为圆形，节流件及取压装置安装在两圆形直管之间。节流件附近管道的圆度应符合标准中的具体规定。

当现场难以满足直管段的最小长度要求或有扰动源存在时，可考虑在节流件前安装流动整流器，以消除流动的不对称分布和旋转流等情况。安装位置和使用的整流器型式在标准中有具体规定。注意：安装了整流器后会产生相应的压力损失。

6. 安装使用注意事项

差压式流量计的安装要求包括管道条件、管道连接情况、取压口结构、节流装置上下游直管段长度以及差压信号管路的敷设情况等。

安装时要求必须按规范施工，偏离要求产生的测量误差，虽然有些可以修正，但大部分是无法定量确定的。因此现场的安装应严格按照标准的规定执行，否则产生的测量误差甚至无法定性确定。

（二）容积式流量计

容积式流量计是一种直接测量型流量计，它利用机械测量元件，把流体连续不断地分隔为单个的固定容积部分排出，而后通过计数单位时间或某一时间间隔内经仪表排出的流体固定容积的数目来实现流量的计量与计算，它可用于各种液体和气体的体积流量测量。

不同形式的容量式流量计只是"计量空间"形状不同，排出"计量空间"内的液体的方式与手段不同，它们都是在进口与出口之间压力差的作用下产生转动。流体不断地充满具有一定的容积的一个"计量空间"，然后再连续地将这部分流体送到出口流出，将这个"计量空间"被流体充满的次数不断的累加，就可以得到通过传感器流体的总量。所以，容积式流量传感器是采用容积累加的方法，获得流体总量的流量测量传感器。

容积式流量计的优点是：测量精度高，量程比宽，对上游流动状态不敏感，无前后直管段长度要求，特别适合高黏度介质的测量，因此广泛应用于工业生产过程的流量测量并作为流量计量的标准仪表。其缺点是对被测流体中的污物较敏感，当被测管道口径较大时，流量计比较笨重。

1. 椭圆齿轮流量计

图 4-13 所示为美国 GPI-GM 系列椭圆齿轮流量计。

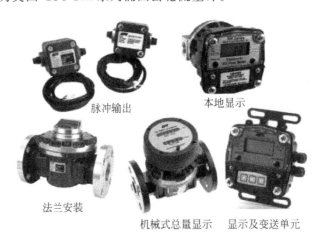

脉冲输出　　　　本地显示

法兰安装

机械式总量显示　　显示及变送单元

图 4-13　美国 GPI-GM 系列椭圆齿轮流量计

图 4-14 所示为椭圆齿轮内部结构。

椭圆齿轮流量计工作原理如图 4-15 所示，由于流体在流量计入口、出口处的压力 $P_1 > P_2$，当 A、B 两轮处于图 4-15（a）所示位置时，A 轮与壳体间构成容积固定的半月形测量室（图中阴影部分），此时进出口差压作用于 B 轮上的合力矩为零，而在 A 轮上的合力矩不为零，产生一个旋转力矩，使得 A 轮作顺时针方向转动，并带动 B 轮逆时针旋转，

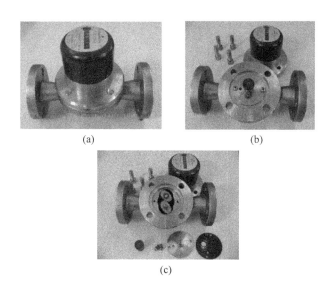

图 4-14　椭圆齿轮内部结构

测量室内的流体排向出口；当两轮旋转处于图 4-15（b）所示位置时，两轮均为主动轮；当两轮旋转 90°，处于图 4-15（c）所示位置时，转子 B 与壳体之间构成测量室，此时，流体作用于 A 轮的合力矩为零，而作用于 B 轮的合力矩不为零，B 轮带动 A 轮转动，将测量室内的流体排向出口。

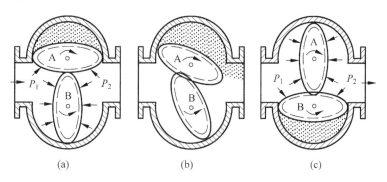

图 4-15　椭圆齿轮流量计工作原理

当两轮旋转至 180°时，A、B 两轮重新回到图 4-15（a）所示位置。如此周期地主从更换，两椭圆齿轮作连续的旋转。当椭圆齿轮每旋转一周时，流量计将排出 4 个半月形（测量室）体积的流体。设测量室的容积为 V，则椭圆齿轮每旋转一周排出的流体体积为 $4V$。只要测量椭圆齿轮的转数 N 和转速 n，就可知道累积流量和单位时间内的流量，即

累积流量　　　　　　　　　　　　$Q = 4NV$　　　　　　　　　　　　（4-7）

瞬时流量　　　　　　　　　　　　$q_v = 4nV$　　　　　　　　　　　　（4-8）

椭圆齿轮流量计适用于高黏度液体的测量，流量计基本误差为 $\pm0.2\%\sim\pm0.5\%$，量程比为 10：1。椭圆齿轮流量计的测量元件是齿轮啮合传动，被测介质中的污物会造成齿轮卡涩和磨损，影响正常测量，故流量计的上游均需加装过滤器，这样会造成较大的压力损失。

2. 腰轮流量计

腰轮流量计又称罗茨流量计，其工作原理与椭圆齿轮流量计相同，结构也很相似，只是转子的形状略有不同。腰轮流量计的转子是一对不带齿的腰形轮，在转动过程中两腰轮不直接接触而保持微小的间隙，依靠套在壳体外的与腰轮同轴上的啮合齿轮来完成驱动。

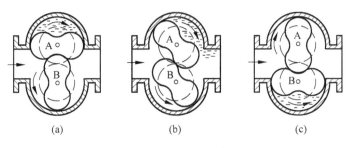

图 4-16　腰轮流量计

（三）速度式流量计（涡轮流量计、涡街流量计、电磁流量计、超声波流量计）

1. 涡轮流量计

（1）工作原理与结构

涡轮流量计是一种典型的速度式流量计。它具有测量精度高、反应快以及耐压高等特点，因而在工业生产中应用日益广泛。

涡轮流量计是基于流体动量矩守恒原理工作的。被测流体推动涡轮叶片使涡轮旋转，在一定范围内，涡轮的转速与流体的平均流速成正比，通过磁电转换装置将涡轮转速变成电脉冲信号，经放大后送给显示记录仪表，即可以推导出被测流体的瞬时流量和累积流量。

涡轮流量计的结构如图 4-17 所示，主要由壳体、导流器、轴承、涡轮和磁电转换器组成。涡轮是测量元件，由导磁性较好的不锈钢制成，根据流量计直径的不同，其上装有2～8 片螺旋形叶片，支撑在摩擦力很小的轴承上。为提高对流速变化的响应性，涡轮的质量要尽可能的小。

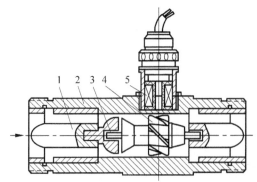

1—导流器；2—外壳；3—轴承；4—涡轮；5—磁电转换器

图 4-17　涡轮流量计结构

导流器由导向片及导向座组成，用以导直被测流体并支撑涡轮，以免因流体的漩涡而改变流体与涡轮叶片的作用角，从而保证流量计的精度。

磁电转换装置由线圈和磁钢组成，安装在流量计壳体上，它可分成磁阻式和感应式两种。磁阻式将磁钢放在感应线圈内，涡轮叶片由导磁材料制成。当涡轮叶片旋转通过磁钢下面时，磁路中的磁阻改变，使得通过线圈的磁通量发生周期性变化，因而在线圈中感应出电脉冲信号，其频率就是转过叶片的频率。感应式是在涡轮内腔放置磁钢，涡轮叶片由非导磁材料制成。磁钢随涡轮旋转，在线圈内感应出电脉冲信号。由于磁阻式比较简单、可靠，所以使用较多。除磁电转换方式外，也可用光电元件、霍尔元件、同位素等方式进行转换。

为提高抗干扰能力和增大信号传送距离，在磁电转换器内装有前置放大器。

如图 4-18 和图 4-19 所示为两种不同的涡轮流量计实物图。

图 4-18　艾默生-丹尼尔系列液体涡轮流量计　　　图 4-19　天津华水气体涡轮流量计

（2）流量方程

流体经导直后平行于管道轴线的方向以平均速度 u 冲击叶片，使涡轮旋转，涡轮叶片与流体流向成 θ 角，流体平均流速 u 可分解为叶片的相对速度 u_r 和切向速度 u_s，如图 4-20 所示，切向速度：

$$u_s = u\tan\theta \qquad (4\text{-}9)$$

而当涡轮稳定旋转时，叶片的切向速度为

$$u_s = \omega R \qquad (4\text{-}10)$$

涡轮转速为

$$n = \frac{\omega}{2\pi} = \frac{u\tan\theta}{2\pi R} \qquad (4\text{-}11)$$

式中，R——管道半径；

　　　u——流体平均流速；

　　　u_s——叶片的切向速度；

　　　n——涡轮转速。

可见，涡轮转速 n 与流速 u 成正比。

而磁电转换器所产生的脉冲频率为

$$f = nZ = \frac{u\tan\theta}{2\pi R}Z \qquad (4\text{-}12)$$

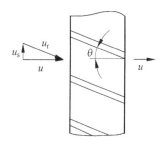

图 4-20　涡轮叶片速度分解图

式中，Z——涡轮叶片的数目。

则流体的体积流量方程：

$$q_v = uA = \frac{2\pi A}{Z\tan\theta}f = \frac{f}{\xi} \tag{4-13}$$

式中，A——涡轮的流通截面积；

ξ—流量转换系数，$\xi = Z\tan\theta/2\pi RA$。

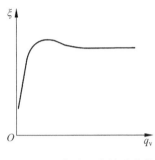

图 4-21　ξ与流量的关系曲线

流量转换系数ξ的含义是单位体积流量通过磁电转换器所输出的脉冲数，它是涡轮流量计的重要特性参数，如图 4-21 所示为ξ与流量的关系曲线。由体积流量方程式（4-13）可见，对于一定的涡轮结构，流量转换系数为常数，一次流过涡轮的体积流量q_v与脉冲频率f成正比。但是由于轴承的摩擦力矩、磁电转换器的电磁力矩以及流体和涡轮叶片间的摩擦阻力等因素的影响，在整个流量测量范围内流量转换系数不是常数。

（3）涡轮流量计的特点和使用

优点：其测量精度高，复现性和稳定性均好；量程范围宽，量程比可达（10～20）：1，刻度线性；耐高压，压力损失在最大流量时小于 25kPa；对流量变化反应迅速，可测脉动流量；抗干扰能力强，信号便于远传及与计算机相连。

缺点：制造困难，成本高。

场合：通常涡轮流量计主要用于测量精度要求高、流量变化快的场合，还用作标定其他流量的标准仪表。

2．涡街流量计

（1）涡街流量计原理

图 4-22 所示照片是由美国宇航局对地观测的"海洋"卫星获取，拍摄的是墨西哥海岸外一座火山岛上空如游蛇般的云带。索科罗岛上海拔高达 3445 英尺（约合 1050 米）的盾状火山阻挡了强劲的气流，在这股气流的作用下形成形态奇异的云层结构，包括蜿蜒的云带和涡旋，在流体力学中被称为"卡门涡街"。

图 4-22　卡门涡街照片

在均匀流动的流体中，垂直地插入一个具有非流线型截面的柱体，称为漩涡发生体，其形状有圆柱、三角柱、矩形柱、T形柱等，在该漩涡发生体两侧会产生旋转方向相反、交替出现的漩涡，并随着流体流动，在下游形成两列不对称的漩涡列，称之为"卡门涡街"。图 4-23 所示为圆柱漩涡发生器，图 4-24 所示为涡街流量计实物图。涡街并非总是稳定的，冯·卡门在理论上证明，当两列漩涡之间的距离 h 和同列中相邻漩涡的间距 L 满足关系 $h/L=0.281$ 时，涡街才是稳定的。实验已经证明，在一定的雷诺数范围内，每一列漩涡产生的频率 f 与漩涡发生体的形状和流体流速 u 有确定的关系：

$$f = Sr \frac{u}{d} \tag{4-14}$$

式中，d——漩涡发生体的特征尺寸；

　　　Sr——斯特劳哈尔数。

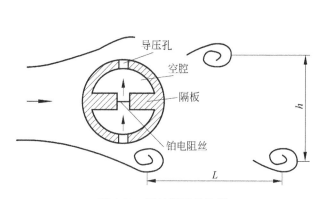

图 4-23　圆柱漩涡发生器　　　　　图 4-24　涡街流量计实物图

Sr 与漩涡发生体形状及流体雷诺数有关，但在雷诺数 $500\sim150000$ 的范围内，Sr 值基本不变，对于圆柱体 $Sr=0.21$，三角柱体 $Sr=0.16$，工业上测量的流体雷诺数几乎都不超过上述范围。

式（4-14）表明漩涡产生的频率仅决定于流体的流速 u 和漩涡发生体的特征尺寸，而与流体的物理参数如温度、压力、密度、黏度及组成成分无关。

当漩涡发生体的形状和尺寸确定后，可以通过测量漩涡产生频率来测量流体的流量。假设漩涡发生体为圆柱体，直径为 d，管道内径为 D，流体的平均流速为 u，当 $d/D<0.3$ 时，在漩涡发生体处的流通截面积近似为：

$$A = \frac{\pi D^2}{4}\left(1 - 1.25\frac{d}{D}\right) \tag{4-15}$$

其体积流量方程式为

$$q_v = uA = \frac{\pi D^2 f d}{4Sr}\left(1 - 1.25\frac{d}{D}\right) \tag{4-16}$$

式中，f——每一列漩涡产生的频率；

　　　u——流体流速；

导压孔
空腔
隔板
铂电阻丝

d——直径漩涡发生体的特征尺寸；

Sr——斯特劳哈尔数；

D——管道内径；

A——在漩涡发生体处的流通截面积。

从流量方程式可知，体积流量与频率成线性关系。

（2）漩涡频率的测量

漩涡频率的检出有多种方式，可以将检测元件放在漩涡发生体内，检测由于漩涡产生的周期性的流动变化频率，也可以在下游设置检测器进行检测。

如图 4-23 所示，在中空的圆柱体两侧开有导压孔与内部空腔相连，空腔由中间有孔的隔板分成两部分，孔中装有铂电阻丝。当流体在下侧产生漩涡时，由于漩涡的作用使下侧的压力高于上侧的压力；如在上侧产生漩涡，则上侧的压力高于下侧的压力，因此产生交替的压力变化，空腔内的流体亦呈脉动流动。用电流加热铂电阻丝，当脉动的流体通过铂电阻丝时，交替地对电阻丝产生冷却作用，改变其阻值，从而产生和漩涡频率一致的脉冲信号，检测此脉冲信号，即可测出流量。也可以在空腔间采用压电式或应变式检测元件测出交替变化的压力。

图 4-25 为三角柱体涡街检测器原理示意图，在三角柱体的迎流面对称地嵌入两个热敏电阻组成桥路的两臂，以恒定电流加热使其温度稍高于流体，在交替产生的漩涡的作用下，两个电阻被周期地冷却，使其阻值改变，阻值的变化由桥路测出，即可测得漩涡产生频率，从而测出流量。三角柱漩涡发生体可以得到更强烈更稳定的漩涡，故应用较多。

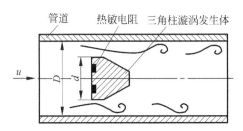

图 4-25　三角柱涡街检测器

（3）涡街流量计的特点

优点：涡街流量计测量精度较高，为 $\pm 0.5\% \sim \pm 1\%$；量程比宽，可达 30：1；在管道内无可动部件，使用寿命长，压力损失小，水平或垂直安装均可，安装与维护比较方便；测量几乎不受流体参数（温度、压力、密度、黏度）变化的影响，用水或空气标定后的流量计无须校正即可用于其他介质的测量；仪表输出是与体积流量成比例的脉冲信号，易与数字仪表或计算机相连接。这种流量计对气体、液体和蒸汽介质均适用，是一种正在得到广泛应用的流量仪表。

缺点：涡街流量计实际是通过测量流速来测流量的，流体流速分布情况和脉动情况将影响测量准确度，因此适用于紊流流速分布变化小的情况，并要求流量计前后有足够长的直管段。

图 4-26 所示为涡街流量计实物安装图。

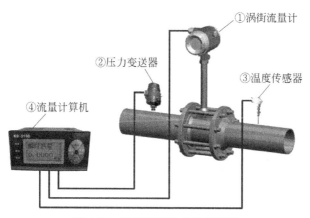

图 4-26 涡街流量计实物安装图

（四）电磁流量计

电磁流量传感器，用来测量导电液体的体积流量，目前已广泛地应用于工业生产过程中各种导电液体流量的测量，如各种酸、碱、盐等腐蚀性介质，各种易燃易爆介质，污水处理及化工、食品、医药等工业中各种浆液流量测量，形成独特的应用领域。

（1）测量原理和结构

电磁流量计是基于法拉第电磁感应原理制成的一种流量计。根据法拉第电磁感应定律，如图 4-27 所示，当一导体在磁场中运动切割磁力线时，在导体两端将产生感应电动势 E，其方向由右手定则确定，其大小与磁场的磁感应强度 B。导体在磁场内的有效长度 L，及导体垂直于磁场的运动速度 u 成正比，如果三者互相垂直，则

$$E = BLu \tag{4-17}$$

如图 4-28 所示，如果在磁感应强度为 B 的均匀磁场中，垂直于磁场方向放一个内径为 D 的不导磁的管道，当导电液体在管道中以流速 u 运动时，导电液体就切割磁力线，则两电极间将产生感应电动势

$$E = BDu \tag{4-18}$$

式中，u——管道截面上的平均速度，m/s；

D——测量管的直径，m；

B——磁感应强度，T。

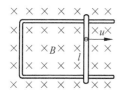

图 4-27 法拉第电磁感应定律

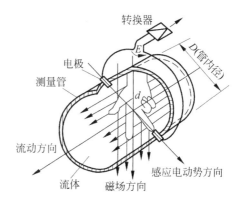

图 4-28 电磁流量计原理

当仪表结构参数确定之后，则流体流量方程为

$$q_v = \frac{\pi D^2}{4}u = \frac{\pi DE}{4B} = \frac{E}{k} \tag{4-19}$$

式中，$k = \frac{4B}{\pi D}$ 称为仪表常数。对于确定的电磁流量计，k 为定值，因此测量感应电势就可以测出被测导电流体的流量。

应当指出，上述流体流量方程必须符合以下假定条件时才成立，即磁场是均匀分布的恒定磁场，被测流体是非磁性的，流速呈轴对称分布，流体电导率均匀且各向同性。

电磁流量计磁场的励磁方式有 3 种，即直流励磁、交流励磁和低频方波励磁。直流励磁方式能产生一个恒定的均匀磁场，受交流磁场干扰较小，但电极上产生的直流电势将使被测液体电解，使电极极化，破坏了原来的测量条件，影响测量精度。所以直流励磁方式只适用于非电解质液体，如液态金属钠或汞等的流量测量。对电解性液体，一般采用工频交流励磁，可以克服直流励磁的极化现象，便于信号的放大，但会带来一系列的电磁干扰问题，主要是正交干扰和同相干扰，影响测量。低频方波励磁兼具直流和交流励磁的优点，能排除极化现象，避免正交干扰；抑制交流磁场在流体和管壁中引起的电涡流，是一种较好的励磁方式。

电磁流量计的结构如图 4-29 所示。图中，励磁线圈和磁轭构成励磁系统，以产生均匀和具有较大磁通量的工作磁场。为避免磁力线被测量导管管壁短路，并尽可能地降低涡流损耗，测量导管外壳电极磁轭马鞍形励磁线圈内衬管由非导磁的高阻材料制成，一般为不锈钢、玻璃钢或某些具有高电阻率的铝合金。导管内壁用搪瓷或专门的橡胶、环氧树脂等材料作为绝缘衬里，使流体与测量导管绝缘并增加耐腐蚀性和耐磨性。电极一般由非导磁的不锈钢材料制成，测量腐蚀性流体时，多用铂铱合金、耐酸钨基合金或镍基合金等。电极嵌在管壁上，若导管为导电材料，必须和测量导管很好地绝缘。电极应在管道水平方向安装，以防止沉淀物堆积在电极上而影响测量精度。电磁流量计的外壳用铁磁材料制成，以屏蔽外磁场的干扰，保护仪表。

导管　外壳　电极　磁轭　马鞍形励磁线圈　内衬

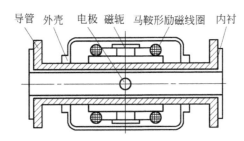

图 4-29　电磁流量计结构

但是，被测介质必须是导电的液体，不能用于气体、蒸汽及石油制品的流量测量；流速测量下限有一定限度，一般为 50cm/s；由于电极装在管道上，工作压力受到限制。此外电磁流量计结构也比较复杂，成本较高。

电磁流量计的安装地点应尽量避免剧烈振动和交直流强磁场，要选择在任何时候测量导管内都能充满液体。在垂直安装时，流体要自下而上流过仪表，水平安装时两个电极要在同一平面上。要确保流体、外壳、管道间的良好接地和良好点接触。

电磁流量计的选择要根据被测流体情况确定合适的内衬和电极材料。其测量准确度受导管的内壁，特别是电极附近结垢的影响，使用中应注意维护清洗。

图 4-30 和图 4-31 分别是 ABB 电磁流量计与日本横河电磁流量计的实物图。

图 4-30　ABB 电磁流量计　　　　　图 4-31　日本横河电磁流量计

（2）电磁流量传感器的主要特点

电磁流量传感器的结构简单，管道内没有任何可动部件，也没有任何阻碍流体流动的节流部件，所以流体通过传感器时无阻力损失，有利于系统的节能。可测量肮脏介质和腐蚀性介质及悬浊性（如纸浆、矿浆、煤粉浆）固液两相流体的流量。电磁流量传感器是一种体积流量传感器，在测量过程中，它不受被测介质的温度、黏度、密度影响，因此，电磁流量传感器只需经水标定后，就可以用来测量其他导电液体的测量。电磁流量传感器的输出只与被测介质的平均速度成正比，而与对称分布下的流动状态（层流或湍流）无关，所以电磁流量传感器测量范围极宽。电磁流量传感器无机械惯性，反应灵敏，可测量瞬时的脉动流量，也可测量正反两个方向的流量。工业用电磁流量传感器的口径范围宽，从几毫米到几米，国内已有口径达 3m 的电磁流量传感器。

（3）电磁流量计的安装与使用

要保证电磁流量传感器的测量精度，正确地安装与使用是很重要的。一般要注意以下几点：

① 传感器最好安装在室内干燥通风处，避免安装在环境温度过高的地方，不应受到强烈振动，尽量避开有强烈磁场的设备，如大容量的电动机、变压器等，避免安装在有腐蚀性气体的场合，安装地点应便于检修。这是保证传感器正常运行的环境条件。

② 为保证传感器测量管内充满被测流体，最好垂直安装，流向自下而上，尤其对固液两相流体，必须垂直安装。这样，一则可以防止固液两相流体低速时产生流速不均匀；二则可以使传感器内的衬里磨损比较均匀，延长使用寿命。如现场只能水平安装，则必须保证两个电极处在同一水平面，这样不至于造成下面的一个电极被沉淀沾污，而上面一个电极被气泡吸附。

③ 为了保证测量信号的稳定，传感器的外壳与金属管的两端应良好接地，不要与其他电器设备共地。电磁流量计的接地图如图 4-32 所示。

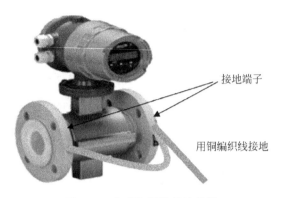

接地端子

用铜编织线接地

图 4-32　电磁流量计的接地图

④ 为了避免流速分布对测量的影响，流量调节阀应装在传感器的下游，对小口径的传感器，因电极到进口的距离比管道的直径 D 大好几倍，管道内流速分布是均匀的；而对于大口径流量传感器，一般在上游应有 $5D$ 以上的直管段，以确保管道内流速分布是均匀的。

（五）超声波流量计

1. 超声波基础知识

（1）声波的分类

声波的分类如图 4-33 所示。声波根据频率范围分为次声波、可听声波和超声波。可听声波是指频率在 $20 \sim 2 \times 10^4\,\mathrm{Hz}$ 之间，能为人耳所闻的机械波；次声波是指频率低于 $20\,\mathrm{Hz}$ 的机械波；超声波是指频率高于 $2 \times 10^4\,\mathrm{Hz}$ 的机械波。

图 4-33　声波的分类图

当超声波由一种介质入射到另一种介质时，由于在两种介质中的传播速度不同，在介质交界面上会产生反射、折射等现象。超声波能量大，穿透力强，沿直线传播。

（2）超声波的产生和接收

超声波探头是实现声电转换的装置（超声换能器），能够发射超声波，也可以接收超声回波，并转换成电信号。

压电陶瓷超声波传感器结构如图 4-34 所示，该传感器由两个压电元件叠合在一起构成。两个压电元件结构称双压电晶片，一个压电元件结构称单压电晶片。如果超声波入射到压电晶片上，压电元件就会产生电压。反之，把电压加到压电元件上也会产生超声波。

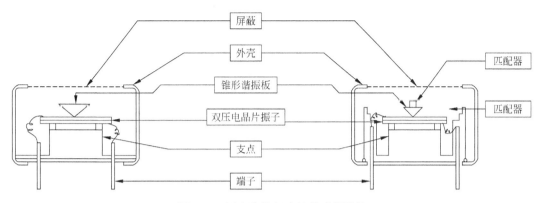

图 4-34　压电陶瓷超声波传感器结构

2. 超声波测流量的作用原理

超声波在流体中传播时，受到流体速度的影响而载有流速信息，通过检测接收到的超声波信号可以测得流体流速，从而求得流体流量。超声波测量流速、流量的技术已在工业以及医疗、河流和海洋观测等领域的计量测试中得到广泛应用。

图 4-35 所示为美国康乐创 CONTROLOTRON 双声道固定式液体超声流量计，图 4-36 所示为德国 KROHNE 的 3 声道液体超声流量计。

图 4-35　美国康乐创双声道固定式
液体超声流量计图

图 4-36　德国 KROHNE 3 声道液体
超声流量计

超声波测流量的方法有传播速度法、多普勒法、波束偏移法、噪声法、相关法、流速-液面法等多种方法，这些方法各有特点，在工业应用中以传播速度法的应用最普遍。

（1）传播速度法的测量原理

超声波在流体中的传播速度与流体流速有关。传播速度法利用超声波在流体中顺流与逆流传播的速度变化来测量流体流速并进而求得流过管道的流量。其测量原理如图 4-37 所示，根据具体测量参数的不同，又可分为时差法、相差法和频差法。

① 时差法。

时差法就是测量超声波脉冲顺流和逆流时传播的时间差。

如图 4-37 所示，在管道上、下游相距 L 处分别安装两对超声波发射器（T_1、T_2）和接收器（R_1、R_2）。设声波在静止流体中的传播速度为 c，流体的流速为 u，则声波沿顺流和逆流的传播速度将不同。当 T_1 按顺流方向、T_2 按逆流方向发射超声波时，超声波到达接收器 R_1 和 R_2 所需要的时间 t_1 和 t_2 与流速之间的关系为

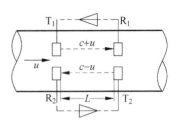

图 4-37　超声测速原理

$$t_1 = \frac{L}{c+u}$$
$$t_2 = \frac{L}{c-u} \tag{4-20}$$

由于流体的流速相对声速而言很小，即 $c \gg u$，可忽略分母中的 u，因此时差

$$\Delta t = t_2 - t_1 = \frac{2Lu}{c^2} \tag{4-21}$$

而流体流速为

$$u = \frac{c^2}{2L} \Delta t \tag{4-22}$$

当声速 c 为常数时，流体流速和时差 Δt 成正比，测得时差即可求出流速，进而求得流量。但是，时差 Δt 非常小，在工业计量中，若流速测量要达到 1% 精度，则时差测量要达到 $0.01/\mu s$ 的精度。这样不仅对测量电路要求高，而且限制了流速测量的下限。因此，为了提高测量精度，早期采用了检测灵敏度高的相位差法。

② 相差法。

相位差法是把上述时间差转换为超声波传播的相位差来测量。设超声换能器向流体连续发射形式为 $s(t) = A\sin(\omega t + \psi_0)$ 的超声波脉冲，式中 ω 为超声波的角频率。

按顺流和逆流方向发射时收到的信号相位分别为 $\varphi_1 = \omega t_1 + \varphi_0$ 和 $\varphi_2 = \omega t_2 + \varphi_0$。则在顺流和逆流接收的信号之间有相位差为

$$\Delta\varphi = \varphi_2 - \varphi_1 = \omega\Delta t = 2\pi f \Delta t \tag{4-23}$$

式中，f——超声波振荡频率。

由此可见，相位差 $\Delta\varphi$ 是时差 Δt 的 $2\pi f$ 倍，且在一定范围内，f 越大放大倍数越大，因此相位差 $\Delta\varphi$ 要比时差 Δt 容易测量。将式（4-23）代入流体流速计算式（4-22），则流体的流速为

$$u = \frac{c^2}{2\omega L} \cdot \Delta\varphi = \frac{c^2}{4\pi f L} \cdot \Delta\varphi \tag{4-24}$$

相差法用测量相位差取代测量微小的时差提高了流速的测量精度。但在时差法和相位差法中，流速测量均与声速 c 有关，而声速是温度的函数，当被测流体温度变化时会带来流速测量误差，因此为了正确测量流速，均需要进行声速修正。

③ 频差法。

频差法是通过测量顺流和逆流时超声脉冲的循环频率之差来测量流量的。其基本原理可用图 4-37 说明。超声波发射器向被测流体发射超声脉冲，接收器收到声脉冲并将其转

换成电信号，经放大后再用此电信号去触发发射电路发射下一个声脉冲，不断重复，即任一个声脉冲都是由前一个接收信号脉冲所触发，形成"声循环"。脉冲循环的周期主要是由流体中传播声脉冲的时间决定的，其倒数称为声循环频率（即重复频率）。因此可得，顺流时脉冲循环频率和逆流时脉冲循环频率分别为

$$f_1 = \frac{1}{t_1} = \frac{c+u}{L}$$
$$f_2 = \frac{1}{t_2} = \frac{c-u}{L}$$

(4-25)

顺流和逆流时的声脉冲循环频差为

$$\Delta f = f_1 - f_2 = \frac{2u}{L}$$

(4-26)

为所以流体流速为

$$u = \frac{L}{2}\Delta f$$

(4-27)

由上式可知流体流速和频差成正比，式中不含声速 c，因此流速的测量与声速无关，这是频差法的显著优点。循环频差 Δf 很小，直接测量的误差大，为了提高测量精度，一般需采用倍频技术。

由于顺、逆流两个声循环回路在测循环频率时会相互干扰，工作难以稳定，而且要保持两个声循环回路的特性一致也是非常困难的。因此实际应用频差法测量时，仅用一对换能器按时间交替转换作为接收器和发射器使用。

④ 流量方程。

时差法、相差法、频差法测得的流速 u 是超声波传播途径上的平均流速。它和截面平均流速是不相同的，因此在确定流量方程时需要知道截面平均流速 $\bar{u}$ 和测量值 u 之间的关系，这一关系取决于截面上的流速分布。

在层流流动状态时（$Re < 2300$）可以推导出：

$$u = \frac{4}{3}\bar{u}$$

(4-28)

当流动状态为紊流时，测量值与截面平均流速 $\bar{u}$ 之间的关系可表示为

$$u = k\bar{u}$$

(4-29)

式中，$k = u/\bar{u}$——修正系数，是雷诺数的函数，在 $Re < 10^5$ 时，$k = 1.119 \sim 0.011$；在 $Re \geqslant 10^5$ 时，$k = 1 + 0.01\sqrt{6.25 + 431Re^{-0.237}}$。

有了测量值与截面平均流速之间的关系以后，即可写出流体的体积流量方程为

$$q_v = \frac{\pi}{4}D^2\bar{u} = \frac{\pi}{4k}D^2 u$$

(4-30)

式中，u 用相应的式子代入，即可得到时差法、相差法和频差法的流量方程。

（2）多普勒法测量原理

根据多普勒效应，当声源和观察者之间有相对运动时，观察者所感受到的声频率将不同于声源所发出的频率。这个频率的变化与两者之间的相对速度成正比。超声多普勒流量计就是基于多普勒效应测量流量的。

在超声多普勒流量测量方法中，超声波发射器为固定声源，随流体一起运动的固体颗

粒相当于与声源有相对运动的观察者，它的作用是把入射到其上的超声波反射回接收器。发射声波与接收器接收到的声波之间的频率差，就是由于流体中固体颗粒运动而产生的声波多普勒频移。这个频率差正比于流体流速，故测量频差就可以求得流速，进而得到流体流量。

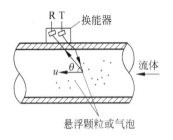

图 4-38　超声多普学法流量测量原理

利用多普勒效应测流量的必要条件是：被测流体中存在一定数量的具有反射声波能力的悬浮颗粒或气泡。因此，超声多普勒流量计能用于两相流的测量，这是其他流量计难以解决的。超声多普勒法测流量的原理如图 4-38 所示。

设入射超声波与流体运动速度的夹角为 θ，流体中悬浮粒子（或气泡）的运动速度与流体流速相同，均为 u。当频率为 f_1 的入射超声波遇到粒子时，粒子相对超声波发射器以 $u\cos\theta$ 的速度离去。粒子接收到的超声波频率 f_2 应低于 f_1，其值为

$$f_2 = \frac{c - u\cos\theta}{c} \cdot f_1 \tag{4-31}$$

由于粒子同样以 $u\cos\theta$ 忽略超声波入射方向与反射方向的夹角 θ 的速度离开接收器，所以粒子反射给接收器的声波频率 f_s 将又一次降低，为

$$f_s = \frac{c - u\cos\theta}{c} \cdot f_2 \tag{4-32}$$

将式（4-31）代入式（4-32），可得

$$f_s = f_1 \cdot \left(1 - \frac{u\cos\theta}{c}\right)^2 = f_1 \cdot \left(1 - \frac{2u\cos\theta}{c} + \frac{u^2\cos^2\theta}{c^2}\right) \tag{4-33}$$

由于声速 c 远大于流体的速度 u，故上式中的平方项可以略去，由此得

$$f_s = f_1 \cdot \left(1 - \frac{2u\cos\theta}{c}\right) \tag{4-34}$$

接收器接收到的反射超声波频率与发射超声波频率之差，即多普勒频移 Δf_d 为

$$\Delta f_d = f_1 - f_s = \frac{2u\cos\theta}{c} \cdot f_1 \tag{4-35}$$

因此，由上式可得流体流速 u 为

$$u = \frac{c}{2f_1\cos\theta} \cdot \Delta f_d \tag{4-36}$$

由上式可见，流速 u 与多普勒频移 Δf_d 成正比。

式（4-36）中含有声速 c，而声速与被测流体的温度和组分有关。当被测流体温度和组分变化时会影响流量测量的准确度。因此，在超声多普勒流量计中一般采用声楔结构来避免这一影响。

（3）超声流量计的特点与应用

超声流量计由超声换能器、电子线路及流量显示系统组成。超声换能器通常由锆钛酸铅陶瓷等压电材料制成，通过电致伸缩效应和压电效应，发射和接收超声波。流量计的电子线路包括发射、接收电路和控制测量电流，显示系统可显示瞬时流量和累积流量。

超声流量计的换能器大致有夹装型、插入型和管道型三种结构形式。换能器在管道上

的配置方式如图 4-39 所示，Z 式是最常见的方式，即单声道，装置简单，适用于有足够长的直管段，流速分布为管道轴对称的场合；V 式适用于流速不对称的流动流体的测量；当安装距离受到限制时，可采用 X 式。换能器一般均交替转换作为发射和接收器使用。

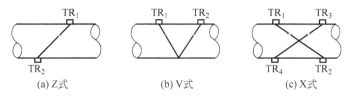

(a) Z式　　　　　　　(b) V式　　　　　　　(c) X式

图 4-39　超声换能器在管道上的配置方式

使用超声流量计测量时，超声换能器可以置于管道外，不与流体直接接触，不破坏流体的流场，没有压力损失。其可用于各种液体的流量测量，包括测量腐蚀性液体、高黏度液体和非导电液体的流量，尤其适于测量大口径管道的水流量或各种水渠、河流、海水的流速和流量，在医学上还用于测量血液流量等。

和其他流量计一样，超声流量计前需要一定长度的直管段。一般直管段长度在上游侧需要 10D 以上，而在下游侧则需要 5D 左右。

3. 超声波流量计的管路安装

① 上、下游直管段。紧邻超声流量计的上、下游安装一定长度的直管段。上游条件较为理想时，要求上游直管段为 10D，下游直管段为 5D（推荐上游直管段为 20D，下游直管段为 5D）。双向流动时，上、下游直管段均应至少为 10 倍管道公称直径。

② 超声流量计表体安装。超声流量计表体的安装各厂家要求各不相同，一般应保证表体水平安装，有的还应将表体法兰上定位销孔与上、下游直管段相应销孔对齐。安装时应留有足够的检修空间。

③ 突入物。超声流量计的内径、连接法兰及其紧邻的上、下游直管段应具有相同的内径，其偏差应在管径的 ±1% 以内。

④ 内表面。与超声流量计匹配的直管段，其内壁应无锈蚀及其他机械损伤，在组装之前，应除去超声流量计及其连接管内的防锈油或沙石灰尘等附属物。使用中也应随时保持介质流通通道的干净、光滑。

⑤ 温度计插孔。对单向流测量，应将温度计插孔设在超声流量计下游距法兰端面 2D～5D 之间；对双向流进行测量，温度计插孔应设在距超声流量计法兰端面至少 3D 的位置。

4.4　项目实施

一、传感器选型

超声波管路流量计与传统的管路流量计相比较，它测量流量的方式是非接触式的，它具有以下特点：

① 安装和维修方便。超声波管路流量计安装方便，特别适用于大管径测量系统，节省大量的人力和物力资源。近年来，夹装式超声波管道流量计无须在管道上打孔或切断即可使用。

② 测量可靠性非常高。超声波管路流量计基本上不会影响流体在管路中的流场分布，没有可以活动的部分，也没有压力损失。同时，传感器以微控制器为中心，采用锁相环路或新型高精度的测量时间的方法，解决了信号能量损失、噪声干扰和电路故障等对测量精度带来的影响，从而使测量具有很高的可靠性。

③ 不受流体的参数影响。超声波管路流量计的测量不受流体的物理属性和参数（如导电性、表面粗糙度等）的影响，输出与流量成正比。

同时，超声波流量计可采用电池供电，便于野外安装。基于超声波管路流量计的以上特点，完全满足设计的要求，因此本设计采用超声波管路流量计作为流量的检测装置。

二、显示方式

超声波流量计中超声波的发射和接收是通过电声之间的能量转换装置完成的。超声波换能器在接收状态时，将声能最终转换为电能输出，借助合适的接口和调制电路，将信号送到微控制器驱动一个电信号的显示，就可以显示出瞬时流量和累积流量的大小。

LED虽然价格便宜，能实现显示功能，但它的能耗比液晶显示器要大；液晶显示器（LCD）可以实现低能耗精密显示，符合野外作业稳定可靠的要求。因此本设计采用LCD作为显示装置。

三、接口电路

1. 硬件总体设计

系统的硬件设计是采用模块化设计方法，主要功能模块有计时模块、收发时序控制模块、换能器驱动模块和信号处理模块等。MSP430单片机是系统的控制核心，并配以适当的外围电路来完成各种功能。硬件系统结构框图如图4-40所示。

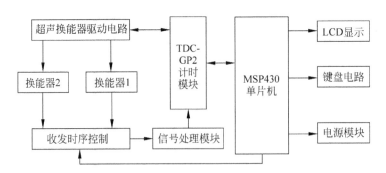

图4-40 系统硬件结构框图

系统通电后，MSP430 单片机对自身和计时芯片进行初始化设置。首先给收发时序控制模块一个控制指令，用以确定本次测量的方向。同时，给计时芯片 TDC-GP2 一个指令，通知 TDC-GP2 内部的脉冲发生器发射一组脉冲信号，用来驱动超声换能器，而此脉冲信号在经过一个肖特基势垒二极管后，产生一个 Start 信号，则计时开始。超声信号在通过管道中的流体后，接收换能器将接收到的信号处理后送到 TDC-GP2 的 Stop 引脚，则计时结束。之后由 TDC-GP2 中的算术逻辑单元（ALU）算出超声波信号在流体中的传播时间。然后，通过 MSP430 改变收发时序控制模块的方向，再进行一次测量，又得到一个传播时间。两个时间参数，使用时差法的原理公式就能够算出流体的流速，进一步算出管道中的流量。最后由 LCD 进行显示。

2. 超声波换能器驱动及收发时序控制模块

超声波接收信号质量的好坏和发射换能器的发射信号有着直接的关系，除了要选择性能良好的超声波换能器外，驱动电路的设计也是至关重要的。

图 4-41 所示为基于 TDC-GP2 的超声换能器驱动电路及收发时序电路。其中 Fire1 和 Fire2 是 TDC-GP2 的脉冲发生器输出引脚，触发脉冲发生器可产生频率、相位和脉冲个数都可调的脉冲序列，提供两个输出结果，输出信号可以通过反向使信号的幅度加倍，而且可以单独地设置为关闭状态。其中，高速振荡器频率用作基本频率，通过对时钟信号进行分频、调整相位，最后得到需要的脉冲序列输出到 Fire1 和 Fire2 引脚。由 MSP430 发送代码 Start_Cycle 来激活触发脉冲发生器。

收发时序控制电路的主要功能是控制两个超声换能器的收发状态，让两个超声换能器交替地发送与接收超声波信号，即交替地测量超声波信号在顺逆流中的传播时间。这样就能够循环的测量出超声波信号在顺逆流中传播的时间差。

图 4-41 所示电路中芯片 1 和芯片 2 是两个相同的低电压总线开关，EN1 和 EN2 引脚连接 MSP430 的 I/O。

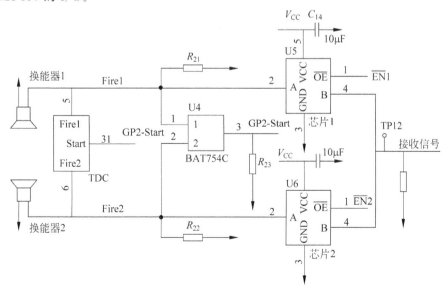

图 4-41　收发时序模块控制电路

电路的工作过程是：当顺水测量时，对 TDC-GP2 内部的脉冲发生器进行设置，使 Fire1 引脚开启，Fire2 引脚关闭，同时分别设置连接 $\overline{EN1}$ 和 $\overline{EN2}$ 引脚的 I/O 口输出高电平和低电平。此时，Fire1 引脚输出脉冲序列用以驱动超声换能器 1，然后脉冲序列经过肖特基势垒二极管之后，给 TDC-GP2 一个 Start 信号，则计时开始。换能器 2 接收到超声信号后，信号经过芯片 2 产生一个接收信号，接着对接收信号进行处理，就会得到 Stop 信号。

逆水测量时，和顺水测量是相反的过程。设置 TDC-GP2 内部寄存器，使内部的脉冲发生器 Fire1 引脚关闭，Fire2 引脚开启，同时分别设置连接 $\overline{EN1}$ 和 $\overline{EN2}$ 引脚的 I/O 口输出低电平和高电平。此时，超声换能器 2 作为发射传感器，超声换能器 1 接收到超声信号后，经过芯片 1 产生一个接收信号，接着对接收信号进行处理，就会得到 Stop 信号。

上述就是收发时序电路的控制过程。

3. 信号处理模块

通过上述可知，在驱动超声换能器产生超声信号的同时芯片开始计时，所以对于发射波形不需要进行波形的修正。而接收到的波形则因为在介质中的传播和外界信号的干扰等因素的影响，会发生幅值的变化以及波形扭曲，这就会影响到后面的计时电路对超声换能器接收时刻的判断，从而造成计时误差，所以要对接收到的信号进行特殊的处理。

最简单实用的方法有：阈值检测电路和过零检测电路。

阈值检测电路的功能是当接收信号的幅值大于某已给定电压值时，输出高电平信号。这种方法的硬件设计较简单，但是，在接收波形到来之前，接收换能器可能就已经接收到一些干扰波，如果设定的电压值不是足够高，那么这些干扰波经过阈值检测电路之后，也会产生高电平信号，从而影响后面的计量。而且干扰波的幅值是不确定的，而我们对于阈值电压值只能设定一次，也就是说阈值电压值是一个稳定值。那么，这就要求找到一个最合适的电压值，作为阈值电压。

经过分析，接收信号的频率为超声换能器的固有频率，是固定不变的，即过零点的位置不随波形幅值变化的固定点，所以可以选定这些点作为测量超声波传播时间的结束标志。因此，可以把这些过零点作为上文中的阈值电压值，这就是过零检测电路。如图 4-42 所示为信号处理电路。

4. 计时模块

计时模块电路的设计是超声波流量计硬件设计中非常重要的一部分，因为计时电路的精度是流量测量的基础，直接决定着流量计的测量精度和测量范围。由于超声波的传播速度很快（在液体中为 1500m/s 左右），在管道中传播时间又较短，而且家用自来水的流速相对较小，则超声波信号顺逆流的传播时间差较小，因此，对超声信号传播时间的准确测量就是设计的关键部分。之前的各个硬件模块对信号处理得再准确，如果不能准确的记录下超声波在水中的传播时间，那么之前的工作都是徒劳的，计时模块的精度决定了整台仪表的精度。图 4-43 所示是基于 TDC-GP2 的外围电路连接图，图 4-44 为 TDC-GP2 与 MSP430 的连接图。

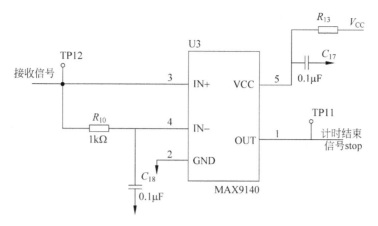

图 4-42 信号处理电路

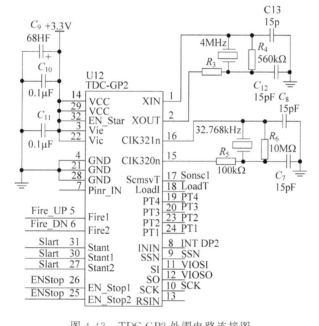

图 4-43 TDC-GP2 外围电路连接图

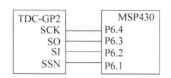

图 4-44 电源电路

5. 电源电路

整个系统电路采用电池供电的方式。该电路中，所有的芯片都采用 3.3V 供电，这样就可以减少电源转换电路所消耗的能量。

项目五

液位检测系统

在工业生产过程中，常遇到大量的液体物料和固体物料，它们占有一定的体积，堆成一定的高度。把生产过程中罐、塔等容器中存放的液体表面位置称为液位；把料斗、堆场仓库等储存的固体块、颗粒、粉料等的堆积高度和表面位置称为料位；两种互不相溶的物质的界面位置称为界位。液位、料位以及界位总称为物位。

液位检测系统是以液位为被测参数的系统，它属于液位控制系统的一部分，在工业生产的各个领域都有广泛的应用。在工业生产过程中，有很多地方需要对容器内的介质进行液位控制，使之高精度地保持在给定的数值。如在建材行业中，玻璃窑炉液位的稳定对窑炉的使用寿命和产品的质量起着至关重要的作用。液位控制系统的精度主要取决于对液位的准确测量。

【学习目标】

1. 知识目标

① 了解液位检测的基本知识；

② 掌握浮力式、静压式、电容式等液位检测技术；

③ 掌握浮力式、静压式、电容式等液位检测仪表的特点、使用场合。

2. 能力目标

能够根据不同的测量条件选择合适的液位检测方法并连接电路。

5.1 项目描述

一储水罐系统如图 5-1 所示，储水罐内为清水，下部设有出水管，流量记为 Q_2。储水罐通过水泵将清水池内的清水补入罐内，流量记为 Q_1，清水池内的水位可视为固定值 2m（即在储水罐补水过程中液位不变化）。已知储水罐的截面积 $A=1m^2$，高度 $H=1m$，要求实时显示液位高度。

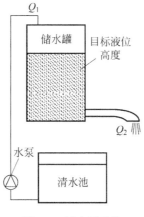

图 5-1　储水罐系统

5.2　解决方案

此系统由液位传感器测出液位高度，将液位高度信号经 A/D 转换器采样输入微控制器，并通过数码管显示现在水位高度。系统工作流程图如图 5-2 所示。

图 5-2　系统工作流程图

储水罐液位的检测过程为：通过液位传感器测量出储水罐的液位，大部分液位传感器输出的是 0～20mA 的电流信号，该信号是模拟信号要通过 A/D 转换器转换为数字信号送给控制器，再由显示器显示出当前的液位。用控制器是为了方便将该液位检测系统改进为液位控制系统，液位控制系统的设计可参考自动控制的相关书籍。

控制器总体方案设计：液位检测系统采用单片机为主控芯片的控制器，外扩 A/D 传感器采集液位传感器数据，通过数码管显示电路显示液位高度。

控制器结构图如图 5-3 所示。

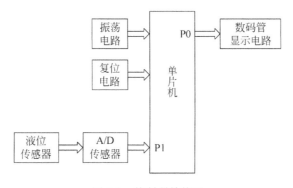

图 5-3　控制器结构图

对于图 5-3 所示系统的注释如下：

① 单片机的 P0 口控制数码管显示液位高度；

② 单片机的 P1 口用于采集 A/D 信号。

5.3 相关知识

测量液位、界位或料位的仪表称为物位测量仪表或称物位计，进而又分液位计、界位计和料位计。如图 5-4 所示为三种物位计的结构图。这些仪表由于其测量的对象不同，且应用的工况亦不同，因此其原理、结构和使用方法亦不相同。本项目将对常用的测量方法及典型的物位计进行介绍。

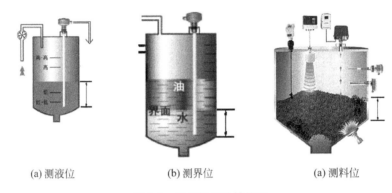

(a) 测液位   (b) 测界位   (a) 测料位

图 5-4　三种物位计结构图

一、物位检测仪表的分类及特点

1. 物位检测仪的分类

物位检测仪表按其工作原理可分为下列几种类型：

① 直读式，它根据流体的连通性原理来测量液位。

② 浮力式，它根据浮子高度随液位高低而改变或液体对浸沉在液体中的浮筒（或称沉筒）的浮力随液位高度变化而变化的原理来测量液位。前者称为恒浮力式，后者称为变浮力式。

③ 差压式（静压式），它根据液柱或物料堆积高度变化对某点上产生的静（差）压力的变化的原理测量物位。

④ 电气式，它根据将物位变化转换成各种电量变化的原理来测量物位。

⑤ 核辐射式，它根据同位素射线的核辐射透过物料时，其强度随物质层的厚度变化而变化的原理来测量液位。

⑥ 声学式，它根据物位变化引起声阻抗和反射距离的变化来测量物位。

2．液位测量的工艺特点

① 液面是一个规则的表面，但当物料流进、流出时，会有波浪，或者在生产过程中出现沸腾或起泡沫的现象。

② 大型容器中常会出现液体各处温度、密度和黏度等物理量不均匀的现象。

③ 容器中常会有高温、高压，或液体黏度很大，或含有大量杂质、悬浮物等情况。

二、常见液位计

（一）玻璃液位计

1．玻璃管液位计原理

玻璃液位计属于直接式液位计，它是利用连通器的原理，将容器中的液体引入带有标尺的观察管中，通过标尺读出液位高度。如图 5-5 所示为玻璃管液位计原理图，图 5-6 所示为玻璃管液位计实物图。

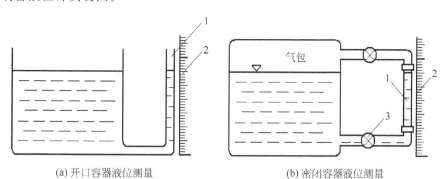

(a) 开口容器液位测量　　　　　　　　(b) 密闭容器液位测量

1—观察管；2—标尺；3—旋塞阀

图 5-5　玻璃管液位计原理图

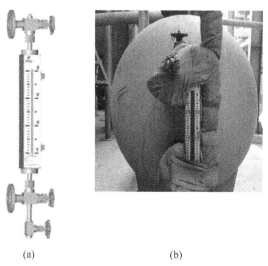

(a)　　　　　　　　　　(b)

图 5-6　玻璃管液位计实物图

实际应用中，玻璃液位计的观察管并不一定全是玻璃管，也可以外包（露出标尺、刻度）金属或其他材料制成的保护管。这种测量方法最大的优点是简单、经济、无需外界能源，防爆安全，因此在电厂及化工领域的连续生产过程中仍有着广泛的应用。其缺点是不易实现信号的远传控制，而且由于受玻璃管强度的限制，被测容器内的温度、压力不能太高。此外，为防止黏稠介质和深色介质沾染玻璃，影响读数，一般避免用它检测此类介质。

2. 玻璃液位计使用注意事项

当用玻璃液位计进行精确测量时应注意：

① 应使容器和仪器中的介质具有相同的温度，以免因密度不同而引起示值误差。

② 玻璃液位计管径不宜太小，以免因毛细现象而引起示值误差。

③ 应尽量减小连通管上的流动阻力，以减小液位快速变化时产生的动态误差。

④ 为了改善仪表的动态性能，也不能把连通管上的阀门省掉。当玻璃管或玻璃板一旦发生损坏时，可利用连通管上的阀门进行切断，以免事故扩大。

（二）浮力式液位计

浮力式液位计可分为两种，一种是维持浮力不变的，即恒浮力式液位计。它们的感测元件在液体中可以自由浮动，因而液面变化时，感测元件就随液面的变化而产生机械位移，借此就可进行液位测量。另一种为变浮力式液位计，如浮筒式液位计就是一例。它是利用液面变化时，感测元件因浸没在液体中的体积变化而受到不同的浮力来进行液位测量。

1. 恒浮力式液位计

（1）浮子式液位计

测量原理如图 5-7 所示，将浮子由绳索经滑轮与容器外的平衡重物相连，利用浮子所受重力和浮力之差与平衡重物的重力相平衡，使浮子漂浮在液面上。图 5-8 所示为浮子液位计实物图。则平衡关系为

$$W - F = G \tag{5-1}$$

式中，W——浮子所受重力；

F——浮子所受浮力；

G——平衡重物的重力。

一般使浮子浸没一半时，满足上述平衡关系。当液位上升时，浮子被浸没的体积增加，因此浮子所受的浮力 F 增加，则 $W - F < G$，使原有的平衡关系破坏，则平衡重物会使浮子向上移动。直到重新满足上式为止，浮子将停留在新的液位高度上；反之亦然。因而实现了浮子对液位的跟踪。若忽略绳索的重力影响，由式（5-1）可见，W 和 G 可认为是常数，因此浮子停留在任何高度的液面上时，F 的值也应为常数，故称此方法为恒浮力法。这种方法实质上是通过浮子把液位的变化转换为机械位移的变化。

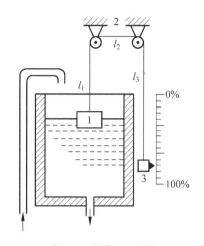

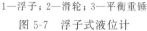

1—浮子；2—滑轮；3—平衡重锤

图 5-7 浮子式液位计

图 5-8 浮子液位计实物图

在这种转换方式中，由于浮子上承受的力除平衡重物的重力之外，还有绳索两端垂直长度 l_1 和 l_3 不等时绳索本身的重力以及滑轮的摩擦力等，这些外力将会使上述的平衡条件受到影响，因而引起读数的误差。绳重对浮子施加的载荷随液位而变，相当于在恒定的 W 上附加了变动的成分，但由此引起的误差是有规律的，能够在刻度分度时予以修正。摩擦力引起的误差最大，且与运行方向有关，无法修正，惟有加大浮子的定位能力来减小其影响。浮子的定位能力是指浸没浮子高度的变化量 ΔH 所引起的浮力变化量 ΔF，而 $\Delta F = \rho g A \Delta H$，则得表达式为

$$\frac{\Delta F}{\Delta H} = \frac{\rho g A \Delta H}{\Delta H} = \rho g A \qquad (5\text{-}2)$$

式中，A——浮子的截面积。

可见增加浮子的截面积能显著地增大定位能力，这是减小摩擦阻力误差的最有效的途径，尤其在被测介质密度较小时，此点更为重要。另外，还可以采用其他的转换方法减小上述因素引起的误差。

（2）浮球式液位计

如图 5-9 所示，浮球 1 是由金属（一般为不锈钢）制成的空心球。它通过连杆 2 与转动轴 3 相连，转动轴 3 的另一端与容器外侧的杠杆 5 相连，并在杠杆 5 上加上平衡重物 4，组成以转动轴 3 为支点的杠杆力矩平衡系统。一般要求浮球的一半浸没于液位之中时，系统满足力矩平衡。可调整平衡重物的位置或质量实现上述要求。当液位升高时，浮球被浸没的体积增加，所受的浮力增加，破坏了原有的力矩平衡状态，重新恢复杠杆 5 作顺时针方向转动，浮球位置抬高，直到浮球的一半浸没在液体中时，重新恢复杠杆的力矩平衡为止，浮球停留在新的平衡位置上。平衡关系式为

$$(W - F)l_1 = Gl_2 \qquad (5\text{-}3)$$

式中，W——浮球的重力；

F——浮球所受的浮力；

G——平衡重物的重力；

l_1——转动轴到浮球的垂直距离；

l_2——转动轴到重物中心的垂直距离。

如果在转动轴的外侧安装一个指针，便可以由输出的角位移知道液位的高低。也可采用其他转换方法将此位移转换为标准信号进行远传。

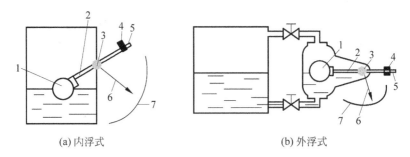

(a) 内浮式   (b) 外浮式

1—浮球；2—连杆；3—转动轴；4—平衡锤；5—杠杆；6—指针；7—标尺

图 5-9　杠杆浮球式液位计

浮球式液位计常用于温度、黏度较高而压力不太高的密闭容器的液位测量。它可以直接将浮球安装在容器内部（内浮式）。如图 5-9（a）所示；对于直径较小的容器，也可以在容器外侧另做一个浮球室（外浮式）与容器相通，如图 5-9（b）所示。外浮式便于维修，但不适于黏稠或易结晶、易凝固的液体。内浮式的特点则与此相反。浮球液位计采用轴、轴套、密封填料等结构，既要保持密封又要将浮球的位移灵敏地传送出来，因而它的耐压受到结构的限制而不会很高。它的测量范围受到其运行角的限制（最大这 35°）而不能太大，故仅适合于窄范围液位的测量。

安装维修时，必须十分注意浮球、连杆与转动轴等部件之间的连接是否切实牢固，以免日久浮球脱落，造成严重事故。使用时，遇有液体中含沉淀物或凝结的物质附着在浮球表面时，要重新调整平衡重物的位置，调整好零位。但一经调好后，就不能再随意移动平衡重物，否则会引起较大测量误差。

（3）磁翻转式液位计

磁翻转式液位计可替代玻璃或玻璃管液位计，用来测量有压容器或敞口容器内的液位，不仅可以就地指示，亦可以附加液位越限报警及信号远传功能，实现远距离的液位报警和监控。它的结构及工作原理如图 5-10 所示。图 5-10（a）为磁翻板液位计，图 5-10（b）为磁翻球液位计。在与容器连通的非导磁（一般为不锈钢）管内，带有磁铁的浮子随管内液位的升降，利用磁性的吸引，使得带有磁铁的红白两面分明的翻板或翻球产生翻转。有液体的位置红色朝外，无液位的位置白色朝外，根据红色指示的高度可以读得液位的具体数值，观察色彩分明效果较好，工作原理如图 5-10（c）。每个翻板或翻球的翻转直径为 10mm。

若希望兼有上、下限报警功能，可在不锈钢管外附加报警开关，如图 5-11 所示。它的安装位置由上、下限报警值所决定。它由浮子内的磁钢驱动，并具有记忆功能，当浮子越限后要保持报警状态直到液位恢复正常为止。

远传功能由传感和转换两部分组成。传感部分是一组与介质隔离的电阻和干簧管组成，利用浮子的磁性耦合，随液位的变化使干簧管通断，改变传感部分的电阻，经转换部分变为 4～20mA 的标准电流信号进行远传。图 5-12 为翻板式液位计实物图。

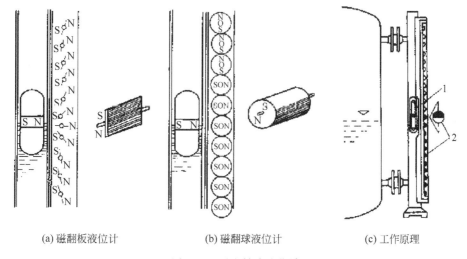

(a) 磁翻板液位计　　　　　　　(b) 磁翻球液位计　　　　　　　(c) 工作原理

图 5-10　磁翻转式液位计

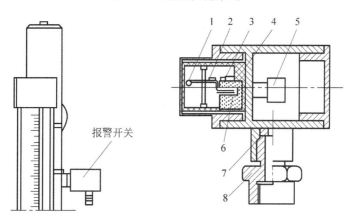

1—驱动磁钢；2—防误动作磁钢；3—灵敏度调节磁钢；4—无触点开关；5—接线端子；6—摇片；7—密封圈；8—出线嘴

图 5-11　报警开关

2. 变浮力法液位测量

(1) 浮筒式液位计

浮筒式液位计测量原理如图 5-13 所示，将一个截面相同、重力为 W 的圆形金属浮筒悬挂在弹簧上，浮筒的重力被弹簧的弹力所平衡。当浮筒的一部分被液体浸没时，由于受到液体的浮力作用而使浮筒向上移动，当与弹性力达到平衡时，浮筒停止移动，此时满足如下关系：

$$cx = W - AH\rho g \qquad (5\text{-}4)$$

式中，c——弹簧刚度；

　　　x——弹簧压缩位移；

　　　A——浮筒的截面积；

　　　H——浮筒被液体浸没的高度；

　　　ρ——被测液体密度；

　　　g——重力加速度。

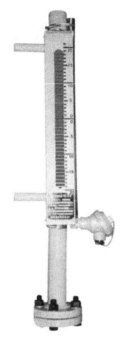

图 5-12 翻板式液位计实物图

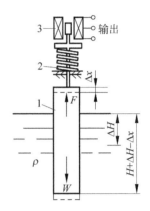

1—浮筒；2—弹簧；3—差动变压器

图 5-13 浮筒式液位计测量原理图

当液位变化时，由于浮筒所受的浮力发生变化，浮筒的位置也要发生变化。例如液位升高 ΔH，则浮筒要向上移动 Δx，此时平衡关系为

$$c(x - \Delta x) = W - A(H + \Delta H - \Delta x)\rho g \tag{5-5}$$

将上述两式相减使得到

$$c\Delta x = A\rho g(\Delta H - \Delta x)$$

$$\Delta x = \frac{A\rho g}{c + A\rho g}\Delta H = K\Delta H \tag{5-6}$$

由式（5-6）可知，浮筒产生的位移 x 与液位变化 H 成比例。如果在浮筒的连杆上安装一个铁芯（参见图 5-13），通过差动变压器使其输出相应的电信号，显示液位的数值。

综上所述，变浮力法测量液位是通过检测元件把液位的变化转换为力的变化，然后再将力的变化转换为机械位移（直线或角位移），并通过转换将机械位移转换为标准信号，以便进行远传和显示。浮筒的长度就是仪表的量程，一般为 $300 \sim 2000$mm。

（2）扭力管式液位计

扭力管式浮筒液位计的测量部分示意图如图 5-14 所示，作为液位检测元件的浮筒 5，一般是由不锈钢制成的空心长圆柱体，垂直地悬挂在被测介质中，质量大于同体积的液体重量，重心低于几何中心，使浮筒总是保持直立而不受液体高度的影响。它在测量过程中位移极小，也不会漂浮在液面上，故也称沉筒。浮筒悬挂在杠杆 4 的一端，杠杆的另一端与扭力管 3、芯轴 2 的一端垂直地连接在一起，扭力管的另一端固定在仪表外壳 1 上。扭力管 3 是一种密封式的输出轴，它一方面能将被测介质与外部空间隔开；另一方面又能利用扭力管的弹性扭转变形把作用于扭力管一端的力矩变成芯轴的角位移（转动）。浮筒式液位计不用轴套、填料等进行密封，故它能测量最高压容器中的液位。扭力管式浮筒液位计实物图如图 5-15 所示。

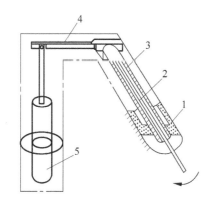

1—外壳；2—芯轴；3—扭力管；4—杠杆；5—浮筒
图 5-14　扭力管式浮筒液位计的测量部分示意图

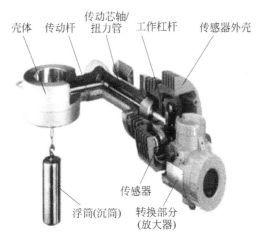

图 5-15　扭力管式浮筒液位计实物图

当液位低于浮筒下端时，浮筒的全部质量作用在杠杆上，此时作用力为

$$F_0 = W \tag{5-7}$$

式中，W——浮筒的重力。

此时经杠杆作用在扭力管上的扭力矩最大，使扭力管产生最大的扭角 $\Delta\theta_{\max}$（约为 $7°$）。

当液位浸没整个浮筒时，作用在扭力管上的扭力矩最小，使扭力管产生的扭角为 $\Delta\theta_{\min}$（约为 $2°$）。

当液位为高度 H 时，浮筒的浸没深度为 $H-x$，作用在杠杆上的力为

$$F_x = W - A(H-x)\rho g \tag{5-8}$$

式中，A——浮筒的截面积；

$\quad x$——浮筒上移的距离；

$\quad \rho$——被测液体的密度。

由式（5-6）可知，浮筒上移的距离与液位高度成正比，即 $x=KH$，所以上式可以

写成为

$$F_x = W - AH(1-K)\rho g \tag{5-9}$$

因此，浮筒所受浮力的变化量为

$$\Delta F = F_x - F_0 = -A(1-K)\rho g H \tag{5-10}$$

由式（5-10）可知液位 H 与 ΔF 成正比关系。随液位 H 升高浮力增加，作用于杠杆的力 F_x 减小，扭力管的扭角 $\Delta\theta$ 也减小。将扭角的角位移由芯轴 2 输出，并通过机械传动放大机构带动指针就地指示液位的高度。也可以将此角位移转换为气动或电动的标准信号，以适用远传和控制的需要。

电信号的转换是将扭力管输出的角位移转换为 4～20mA 的电流进行输出，这个信号正比于被测液位。

浮筒式液位计适用于测量范围在 200mm 以内、密度在 0.5～1.5g/cm³ 的液体液面的连续测量，测量范围在 1200mm 以内、密度差为 0.1～0.5g/cm³ 的液体界面的连续测量。真空对象、易汽化的液体宜选用浮筒式仪表。

（三）静压式液位计

由物理学可知，当液体在容器内有一定高度时，就会对容器产生压力。静压式液位计就是基于这一原理的应用，它通过测量某点的压力或与另一点的压差来测量液位的。如图 5-16 所示，A 为实际液面，B 为零液位，H 为液面的高度，ρ 为液体的密度。根据流体静力学的原理，A 和 B 两点的静压力为

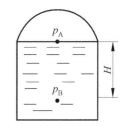

图 5-16　静压式液位计测量原理

$$\Delta p = p_B - p_A = \rho g H \tag{5-11}$$

即

$$H = \frac{\Delta p}{\rho g} \tag{5-12}$$

式中，p_A，p_B——分别为 A 和 B 两点的静压。

式由（5-12）可知，若被测液体的密度不变，则液面的高度 H 与压差 Δp 成正比，如果测得被测液位与零液位点之间的压差 Δp，就可以得到当前液位值。

1. 压力式液位计

压力式液位计是利用测压仪表来得到液位的仪器，只用来测量敞口容器（对于敞口容器，容器底部或侧面液位零点处引出压力信号，仪表指示的表压力即反映相应的液柱静压）中的液位高度。所以式（5-11）中 p_A 为大气压力。常用的压力式液位计有压力表式液位计、法兰式液位变送器和吹气式液位计。三种液位计的结构如图 5-17 所示。

（1）压力表式液位计

这种液位计是通过引压导管与容器底部相连，利用引压导管将压力变化值送入压力表中进行测量的，如图 5-17（a）所示。只有当压力表与容器底部等高时，此时压力表中的读数才可以直接反映出液位的高度。如果压力表与容器底部不等高，当容器中液位为零时，表中读数不为零，即存在容器底部与压力表之间的液体的压力差值，该差值就是所谓

的零点迁移，在实际的测量中应减去此差值。考虑到引压导管必须畅通，为了不阻塞引压导管，被测液体黏度不能过高。

（2）法兰式液位变送器

压力表式液位计对于易结晶、黏度大、易凝固或腐蚀性较大的被测介质进行液位测量时，通常会造成引压导管的堵塞，此时一般采用法兰式液位变送器测量液位。如图5-17（b）所示，压力表通过法兰安装在容器底部，作为敏感元件的金属膜盒通过导压管与变送器的测量室相连，把硅油封入导压管内，隔离被测介质与测量仪表，防止管路阻塞。变送器可以把液位转换为电信号或气动信号，便于液位的测控与调节。

（3）吹气式液位计

吹气式液位计一般用于测量有腐蚀性、高黏度、密度不均或含有悬浮颗粒液体的液位。如图5-17（c）所示，将一根吹气管插入至被测容器底部（零液位），向吹气管通入一定量的气体，通过减压阀和节流元件，最后从气管末端开口处也即容器底部逸出。因为有节流元件的稳压作用，供气量几乎不变，管内压变同步。吹气管中的压力与容器底部液柱静压力相等，通过压力计测量吹气管上端压力，可测出容器底部液柱静压力，利用静压式液位计的测量原理就可以测出液位。由于吹气式液位计的测压装置可以移至顶部，对于实际测量和维修都很方便，特别适合于测量地下储罐、深井等深度较大的场合。

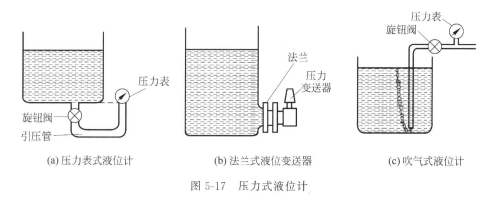

(a) 压力表式液位计　　　　(b) 法兰式液位变送器　　　　(c) 吹气式液位计

图 5-17　压力式液位计

2. 差压式液位计

差压式液位计常用于密闭容器中的液位测量，它的优点是测量过程中可以消除液面上部气压及气压波动对测量的影响。若忽略液面上部气压及气压波动对测量的影响，可直接使用压力计式液位计进行测量；若不能忽略上述因素的影响，则应采用差压式液位计进行测量。如图5-18所示为差压式液位计测量原理示意图，此时，容器底部受到的压力除了与液位高度有关外，还与液面上的气体压力有关。

差压式液位计采用差压式变送器，变压器的正压室与容器底部（零液位）相连，变送器的负压室与容器上部的气体相连。可以根据液体性质选择引压方式。在实际应用中为了防止由于内外温差使气压引压管中的气体凝结成液体和防止容器内液体和气体进入变送器的取压室造成管路堵塞或腐蚀，一般在低压管中充满隔离液体。设隔离液体密度为 ρ_1，被测液体的密度为 ρ_2，一般有 $\rho_1 > \rho_2$，则正、负压室的压力为

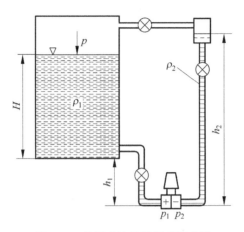

图 5-18 差压式液位计原理示意图

$$\left.\begin{array}{l} p_1 = \rho_1 g(H + h_1) + p \\ p_2 = \rho_2 g h_2 + p \end{array}\right\} \tag{5-13}$$

压力平衡公式为

$$\begin{aligned} p &= p_1 - p_2 = \rho_1 g(H + h_1) - \rho_2 g h_2 \\ &= \rho_1 g H + \rho_1 g h_1 - \rho_2 g h_2 \end{aligned} \tag{5-14}$$

式中，p_1，p_2——引入变送器正、负压室的压力；

　　　　H——液面高度；

　　　　h_1，h_2——容器底面和工作液面距变送器的高度。

3. 差压式液位变送器的零点迁移问题

用差压变送器测量液位时，由于差压变送器安装的位置不同，正压和负压导压管内充满了液体，这些液体会使差压变送器有一个固定的差压。在液位为零时，造成差压计指示不在零点，而是指示正或负的一个偏差。为了指示正确，消除这个固定偏差，就把零点进行向下或向上移动，也就是进行"零点迁移"。

在式（5-14）中，设 $B = \rho_1 g h_1 - \rho_2 g h_2$，即所谓的零点迁移量。零点迁移的目的是变送器输出的起始值与被测量起始点相对应。即 $H = 0$ 时，变送器的输出电流为 $I_{\min}$（如 4mA）。这种迁移包括无迁移、负迁移和正迁移 3 种情况。

（1）无迁移

如图 5-19 所示，差压变送器的正压室取压口正好与容器的最低液面处于同一水平位置，而且无隔离罐时零点迁移量为 $B = \rho_1 g h_1 - \rho_2 g h_2 = 0$，作用于变送器正负压室的压差与液面的高度的关系为 $p = \rho_1 g H$。

当 $H = 0$ 时，$p = 0$，变送器的输出最小量为 $I_0 = 4\text{mA}$。当 $H = H_{\max}$ 时，$p = \rho_1 g H_{\max}$，变送器的输出最大值 $I_0 = 20\text{mA}$。

（2）正迁移

如图 5-20 所示，当变送器的安装位置低于容器的最低液位且无隔离液体时，正、负压室的压力的压差为 $p = \rho_1 g\,(H + h)$。

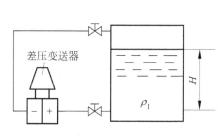

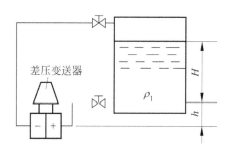

图 5-19　无迁移液位测量系统　　　　图 5-20　正迁移液位测量系统

当 $H=0$ 时，$p=\rho_1 gh_1>0$，变送器的输出电流 $I_0>4mA$。当 $H=H_{max}$ 时，变送器的输出最大值 $I_0>20mA$。通过调整迁移弹簧，是变送器的输出仍为 $4\sim20mA$。与无迁移相比，正迁移特性曲线只是向正轴平移了一个固定压差 $\rho_1 gh_1$，称为正迁移，迁移量为 $\rho_1 gh_1$。

（3）负迁移

如图 5-21 所示，当差压变送器的正压室取压口低于容器的最低液面而且低压管中充满隔离液体。则零点迁移量为 $B=\rho_1 gh_1-\rho_2 gh_2$。

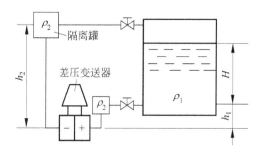

图 5-21　负迁移液位测量系统

当 $H=0$ 时，$p=\rho_1 gh_1<0$，变送器的输出电流 $I_0<4mA$。当 $H=H_{max}$ 时，变送器的输出最大值 $I_0<20mA$。通过调整迁移弹簧，使变送器的输出仍为 $4\sim20mA$。与无迁移相比，负迁移特性曲线只是向负轴平移了一个固定压差 $\rho_2 gh_2-\rho_1 gh_1$，称为负迁移，迁移量为 $\rho_2 gh_2-\rho_1 gh_1$。

上述可知，正、负迁移的实质是通过迁移弹簧改变差压变送器的零点，使得被测液位为零时，变送器的输出为起始值（4mA），因此称为零点迁移。它仅仅改变了变送器测量范围的上、下限，而量程的大小不会改变。

需要注意的是并非所有的差压变送器都带有迁移作用，实际测量中，由于变送器的安装高度不同，会存在正迁移或负迁移的问题。在选用差压式液位计时，应在差压变送器的规格中注明是否带有正、负迁移装置并要注明迁移量的大小。

（四）电容式液位计

电容式液位计由电容物位传感器和检测电容的电路所组成。它适用于各种导电、非导电液体的液位测量，由于它的传感器结构简单，无可动部分，故应用范围较广。

1. 电容式液位记测量原理

电容式液位液位计传感器是根据圆筒形电容器原理进行工作的。结构如图 5-22 所示，它由两个长度为 L、半径分别为 R 和 r 的圆筒形金属导体组成内、外电极，中间隔以绝缘物质构成圆筒形电容器。电容的表达式为

$$C = \frac{2\pi\varepsilon L}{\ln\dfrac{R}{r}} \tag{5-15}$$

式中，ε——内、外电极之间的介电常数。

由式（5-15）可见，改变 R、r、ε、L 其中任意一个参数时，均会引起电容 C 变化。实际液位测量中，一般是 R 和 r 固定，采用改变 ε 或 L 的方式进行测量。电容式液位传感器实际上是一种可变电容器，随着液位的变化，必然引起电容量的变化，且与被测液位高度成正比，从而可以测得液位。

由于所测介质的性质不同，采用的方式也不同，下面分别介绍测量不同性质介质的方法。

2. 非导电介质的液位测量

当测量石油类制品、某些有机液体等非导电介质时，电容传感器可以采用如图 5-23 所示方法。它用一个光电极 1 作为内电极，用与它绝缘的同轴金属圆筒 2 作为外电极，外电极上开有孔和槽，以便被测液体自由流进或流出。内、外电极之间采作绝缘材料 3 进行绝缘固定。

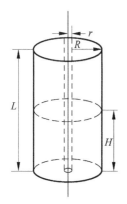

图 5-22　电容式液位记测量原理

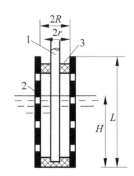

1—内电极；2—外电极；3—绝缘材料

图 5-23　非导电液位测量

当被测液体 $H=0$ 时，电容器内、外电极之间气体介电常数为 ε_0，电容器的电容量为

$$C = \frac{2\pi\varepsilon_0 L}{\ln\dfrac{R}{r}} \tag{5-16}$$

当液位为基本一高度 H 时，电容器可以视为两部分电容的并联组合，即

$$C_x = \frac{2\pi\varepsilon_x H}{\ln\dfrac{R}{r}} + \frac{2\pi\varepsilon_0(L-H)}{\ln\dfrac{R}{r}} \tag{5-17}$$

式中，H——电极被液体浸没的高度；

ε_x——被测液体的介电常数；

ε_0——气体的介电常数。

当液体变化时，引起电容的变化量为 $\Delta C = C_x - C_0$，将式（5-16）和式（5-17）代入可得

$$\Delta C = \frac{2\pi_x(\varepsilon_x - \varepsilon_0)}{\ln\dfrac{R}{r}}H \tag{5-18}$$

由此可见，ΔC 与被测液位 H 成正比，因此测得电容的变化量便可以得到被测液位的高度。为了提高灵敏度，希望 H 前的系数尽可能大，但介电常数取决于被测介质，则在电极结构上，应使 R 接近于 r 以减小分母，所以一般不采用容器壁做外电极，而是采用直径较小的竖管做外电极。这种方法只适用于流动性较好的介质。

3. 导电介质的液位测量

如果被测介质为导电液位，内电极要采用绝缘材料覆盖，即加一个绝缘套管（一般采用聚四氟乙烯护套）。可以采用金属容器壁与导电液体一起做外电极，如图 5-24 所示。当容器为非导电体时，必须引入一个辅助电极（金属棒），其下端浸至被测容器底部，上端与电极安装法兰有可靠的导电连接，以使两电极中有一个与大地仪表地线相连，保证仪表的正常测量。

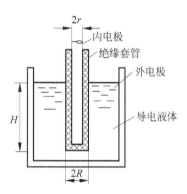

图 5-24　导电液位测量

若绝缘材料的介电常数为 ε，电极被导电液体浸没的高度为 H，则该电容器的电容变化量可以表示为

$$\Delta C = \frac{2\pi\varepsilon}{\ln\dfrac{R}{r}}H \tag{5-19}$$

式中，R——绝缘套管的外半径；

r——内电极的外半径。

由式（5-19）可知，由于 ε、R 和 r 均为常数，测得 ΔC 即可获得被测液位 H。但此

种方法不能适用于黏滞性介质，因为当液位变化时，黏带性介质会黏附在内电极绝缘套管表面上，形成虚假的液位信号。

4. 电容式液位计的特点

电容式物位计一般不受真空、压力、温度等环境条件的影响，安装方便，结构牢固，易维修，价格较低。

但是不适合于以下介质：如介质的介电常数随温度等影响而变化、介质在电极上有沉积或附着、介质中有气泡产生等。

若被测介质是黏性非导电液体，其测量结果也会受到虚假液位的影响，但一般很小，可以忽略。

（五）超声波液位计

1. 超生波液位计基本原理

声波可以在气体、液体、固体中传播，并具有一定的传播速度。声波在穿过介质时会被吸收而产生衰减，气体吸收最强则衰减最大，液体次之，固体吸收最少则衰减最小。声波在穿过不同介质的分界面时会产生反射，反射波的强弱决定于分界面两边介质的声阻抗，两介质的声阻抗差别越大，反射波越强。声阻抗即介质的密度与声速的乘积。根据声波从发射至接收到反射回波的时间间隔与物位高度之间的关系，就可以进行物位的测量。

超声波类似于光波，具有反射、透射和折射的性质。当超声波入射到两种不同介质的分界面上时会发生反射、折射和透射现象，这就是应用超声技术测量液位最常用的一个物理特性。超声技术应用于液位测量中的另一特性是超声波在介质中传播时的声学特性（如声速、声衰减、声阻抗等）。

当声波从一种介质向另一种介质传播时，在两种密度不同、声速不同的介质分界面上，传播方向便发生改变。即一部分被反射（反射角＝入射角），一部分折射到相邻介质内。如果两种介质的密度相差悬殊，则声波几乎全部被反射。因此，可以根据声波从发射至接收到反射回波的时间间隔与液位高度之间的关系，即可测得液位高度。超声波液位计实物图如图 5-25 所示。

超声波液位计基本测量原理如图 5-26 所示，设超声探头至液位的垂直距离为 H，由发射到接收所经历的时间为 t，超声波在介质中传播的速度为 v，则存在如下关系：

$$H = \frac{1}{2}vt \tag{5-20}$$

对于一定的介质，v 是已知的，因此，只要测得时间 t 即可确定距离 H，从而得知被测液位高度。

2. 超生波液位计的测量方法

实际应用中可以采用多种方法。根据传声介质的不同，有气介式、液介式和固介式；根据探头的工作方式，又有自发自收的单探头方式和收发分开的双探头方式。它们相互组合就可得到不同的测量方法。

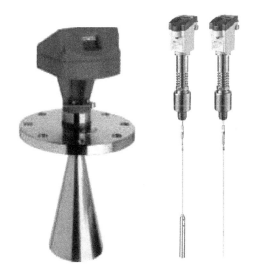 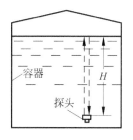

图 5-25　超声波液位计实物图　　　　图 5-26　超声波液位计基本原理

1）基本测量方法

图 5-27 是超声波测量液位的几种基本方法。

图 5-27（a）是液介式测量方法，探头固定安装在液体中最低液位处，探头发出的超声脉冲在液体中由探头传至液面，反射后再从液面返回到同一探头而被接收。液位高度与从发到收所用时间之间的关系仍可用式（5-20）来表示。

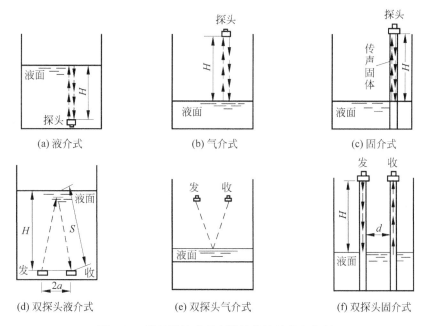

图 5-27　脉冲回波式超声波液位计的基本方案

图 5-27（b）所示为气介式测量方法，探头安装在最高液位之上的气体中，式（5-20）仍然完全适用，只是 v 代表气体中的声速。

图 5-27（c）所示为固介式测量方法，将一根传声的固体棒或管插入液体中，上端要高出最高液位，探头安装在传声固体的上端，式（5-20）仍然适用，但 w 代表固体中的声速。

图 5-27（d）、（e）、（f）是一发一收双探头方式。图 5-27（d）所示为双探头液介式方式，由图可见，若两探头中心间距为 $2a$，声波从探头到液位的斜向路径为 S，探头至液位的垂直高度为 H，则

$$S = \frac{1}{2}\upsilon t \tag{5-21}$$

而

$$H = \sqrt{S^2 - a^2} \tag{5-22}$$

图 5-27（e）所示为双探头气介式方式，只要将 υ 理解为气体中的声速，则上面关于双探头液介式的讨论完全可以适用。

图 5-27（f）所示为双探头固介式方式，它需要采用两根传声固体，超声波从发射探头经第一根固体传至液面，再在液体中将声波传至第二根固体，然后沿第二根固体传至接收探头。超声波在固体中经过 $2H$ 距离所需的时间，将比从发到收的时间略短，所缩短的时间就是超声波在液体中经过距离 d 所需的时间，所以

$$H = \frac{1}{2}\upsilon\left(t - \frac{d}{\upsilon_H}\right) \tag{5-23}$$

式中，υ——固体中的声速；

$\quad\quad \upsilon_H$——液体中的声速；

$\quad\quad d$——两根传声固体之间的距离。

当固体和液体中的声速 υ、υ_H 已知，两根传声固体之间的距离 D 固定时，则可根据测得 t 求得 H。

图 5-27（a）、（b）、（c）属于单探头工作方式，即该探头发射脉冲声波，经传播反射后再接收。由于发射时脉冲需要延续一段时间，故在该时间内的回波和发射波不易区分，这段时间所对应的距离称测量盲区（大约在 1m 左右）。探头安装时，高出最高液面的距离应大于盲区距离，这是单探头工作方式应注意的。图 5-27（d）、（e）、（f）属双探头工作方式，由于接收与发射声由两探头独立完成，可以使盲区大为减小，这在某些安装位置较小的特殊场合是很方便的。

2）设置校正具方法

根据前文介绍，利用声速特性采用回声测距的方法进行液位测量，测量的关键在于声速的准确性。由于声波的传播速度与介质的密度有关，而密度又是温度及压力的函数。例如 0℃时空气中声波的传播速度为 331m/s，而当温度为 100℃时声波的传播速度增加到 387m/s。因此，当温度变化时，声速也要发生变化，而且影响比较大，使得所测距离无法准确。所以在实际测量中，必须对声速进行较正，以保证测量的精度。目前常采用的声速校正法有固定校正具方法、活动校正具方法等。

（1）固定校正具方法

固定校正具就是在传声介质中相隔固定距离所安装的一组探头与反射板装置。如图 5-28 所示为液介式超声波液位计校正具。在容器底部安装两组探头，即测量探头和校

正探头。校正探头和反射板分别固定在校正具上，校正具安装在容器的最底部。校正探险头到反射板的距离为 L_0。假设声脉冲在介质中的传播速度为 v_0，声脉冲从校正探头到反射板的往返时间为 t_0，则如下关系

图 5-28　液介式超声波液位计校正具方法

$$L_0 = \frac{1}{2}v_0 t_0 \qquad (5\text{-}24)$$

假设被测液位的高度为 H，测量探头发出的声脉冲的传播速度为 v，声脉冲从探头到液面的往返时间为 t，同样可写出

$$H = \frac{1}{2}vt \qquad (5\text{-}25)$$

因为校正探头和测量探头是在同一种介质中，如果两者的传播速度相等，即 $v_0 = v$，则液位高度为

$$H = \frac{L_0}{t_0}t \qquad (5\text{-}26)$$

适当选择时间单位，使 t_0 在数值上等于 L_0，则 t 在数值上就等于被测液位的高度 H。这样便可将液位的测量变为测量声波脉冲的传播时间，因此用校正探头可以在一定程度上消除声速变化的影响，并且可采用数字显示仪表直接显示出液位的高度。

校正具的安装位置可视具体情况而定，如果容器内各处的介质温度相同，即各处的声速相等，校正具可以安放在容器内任何地主。为了在液位最低情况下，校正具仍浸没在介质中，一般把校正具水平地安装在接近容器的底部位置。

图 5-29 是气介式双探头固定校正具的测量方法。在容器的上方安装两组探头，分别用于测量校正。测量用的发射、接收两个探头与液面 A、底面 B 相平行，并构成一定角度。校正用的两个探头安装在邻近上方的相应位置。如果声脉冲在气介之中的传播速度为 v，则校正探头的声脉冲从发射到接收的时间为

$$t_0 = \frac{L_0}{v} \qquad (5\text{-}27)$$

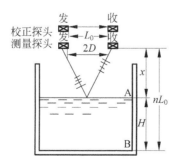

图 5-29　气介式双探头固定校正方法

测量探头的声脉冲从发射到接收的时间为

$$t'_x = \frac{2\sqrt{x^2 + D^2}}{v} \tag{5-28}$$

因此，声脉冲在距离 x 的往返时间为

$$t_x = \frac{2x}{v} = 2x\,\frac{t'_x}{2\sqrt{x^2 + D^2}} = \left(1 + \frac{D^2}{x^2}\right)^{-1/2} t'_x \tag{5-29}$$

当 $x \geqslant D$ 时，取近似关系则

$$t_x \approx \left(1 - \frac{1}{2}\,\frac{D^2}{x^2}\right)t'_x = (1 - \varepsilon)t'_x \tag{5-30}$$

式中，$\varepsilon = \dfrac{1}{2}\dfrac{D^2}{x^2}$。

如果将测量点到容器底面 B 的距离取为 nL_0（$n = 1$，2，3，…），则从底面 B 到液面 A 的距离为

$$H = tL_o - x = nLo\left[1 - (1 - \varepsilon)\,\frac{t'_x}{2nt_o}\right] \tag{5-31}$$

因为 nL_o 和 $2nt_o$ 是常数，所以测出 t'_x 便可知道液面高度 H。只要校正探头与测量区域的温度一致，就可以消除温度对声脉冲传播速度的影响。因此如果保证温度分布一致，可以允许测量过程中温度有所变化，而不致影响测量精度。

（2）活动校正具方法

实际上，上述校正是认为 $v_o = v$，即校正段声速与测量段声速相等。在许多情况下，这一条件并不能保证，因为校正具安装在某一固定位置，由于容器中的温度场或介质密度上下不均匀等，都将使声速的传播速度存在差别。因此上述固定校正具有时还是不能很好地对专用速成进行校正，对于密度分布不均匀的介质，或者介质存在有温度梯度时，可以采用浮臂式倾斜校正具的方法。如图 5-30 所示，校正具是一根空习长管，此长管可以绕下端的轴转动，管上装有校正探头和反射板。长管的上端连接一个浮球，校正具的上端可以随液位升降。这样校正具测量时的声速与被测液位的声速基本上相等。实验证明，在把引起声速 v 和 v_o 不等的其他因素加以考虑后，此种方法对于 7m 多高的油罐液位测量可以达到 $\pm 1\mathrm{mm}$ 的精度。但缺点是安装不方便，要求容器的直径（或长度）要大于液面的可能高度。

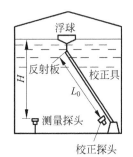

图 5-30　活动校正具方法

3）超声波液位计的特点

超声波测量液位有许多优点：它的探头可以不与被测介质接触，即可以做到非接触测量；可测范围较广，只要分界面的声阻抗不同，液体、粉末、块状的物体均可测量；安装维护方便，而且不需安全防护；它不仅能够定点连续测量液位，而且能够方便地提供遥测或遥控所需的信号。但缺点是：探头本身不能承受高温，声速受介质温度、压力影响，有些介质对声波吸收能力很强，此方法受到一定限制。

5.4 项目实施

一、传感器的选型

1. 液位传感器选型

根据设计要求液位目标高度为 1m，故传感器量程不能选择太大，精度要高。查阅相关资料选择 URS-100 投入式液位变送器。

结构原理：URS-100 系列静压式液位变送器是通过测量液体高度而产生的静压力来测定液体液位的。当把液位变送器的传感器部分投入到液体介质中时，传感器把液体的静压转换为电压信号，该电压信号经放大后转化成 4～20mA 直流标准电流信号输出。

2. 主要技术参数

测量范围：0～1m；0～100m。

输出信号：4～20mADC，二线制。

精确度：0.2 级，可提供 0.1 级。

介质温度：−40～100℃。

环境温度：−30～80℃。

环境温度影响：在温度补偿范围内，零位变化量≤±0.3％/10℃。

量程变化量：≤±0.2％/10℃。

电源电压：24VDC，按负载特性，电源电压可达 12～40VDC。

电源电压影响：在规定的电压范围内，输出变换量＜0.01％/1V。

射频干扰影响：当变送器正常安装及罩壳盖紧时，对射频频率为 27～1000MHz 之间和场强 30V/m 的干扰，输出变化量＜0.1％。

长期稳定性：≤±0.3％（6 个月）。

防爆标志：本安型 Ex ib ⅡCT4～T6。

隔爆型：Ex d ⅡBT4 外壳。

防爆等级：IP65。

连接形式：URS-100 型。

法兰安装：DN50 PN1.0 凸面。

法兰标准：HG20598-97。

支架安装，卫生快装卡箍：DN50。

URS-100S 型-螺纹安装：G3/4。

二、输出方式的选择

本系统采用 LCD1602 液晶显示屏。1602 液晶也叫 1602 字符型液晶,它是一种专门用来显示字母、数字、符号等的点阵型液晶模块。它由若干个 5×7 或者 5×11 等点阵字符位组成,每个点阵字符位都可以显示一个字符,每位之间有一个点距的间隔,每行之间也有间隔,起到了字符间距和行间距的作用。1602LCD 是指显示的内容为 16×2,即可以显示两行、每行 16 个字符液晶模块(显示字符和数字)。LCD1602 的实物图如图 5-31 所示,LCD1602 与单片机的接线图如图 5-32 所示。

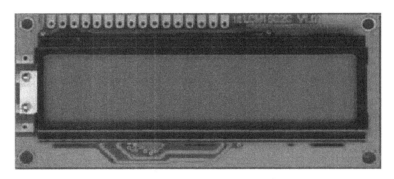

图 5-31　LCD1602 的实物图

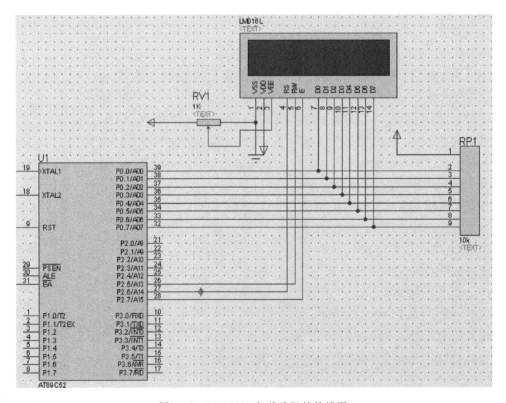

图 5-32　LCD1602 与单片机的接线图

三、调制信号和连接各个装置

1. 单片机的振荡电路和复位电路

单片机时钟信号有两种方式得到，即内部振荡方式和外部振荡方式。引脚 XTAL1 和 XTAL2 引脚上外接晶振构成了内部振荡方式，单片机内部有一个高增益反相放大器；当外接晶振后就构成了自激振荡器并产生振荡时钟脉冲。本系统采用 12MHz 的晶振。

单片机复位电路有上电复位和开关复位两种方式，本系统采用开关复位。如图 5-33 所示，按下复位开关 K 后由于电容 C_3 的充电和反相门的作用，使 REST 持续一段时间的高电平。当单片机已在运行当中时，按下复位键 K 后松开，也能使 REST 为一段时间的高电平，从而实现上电或开关复位的操作。

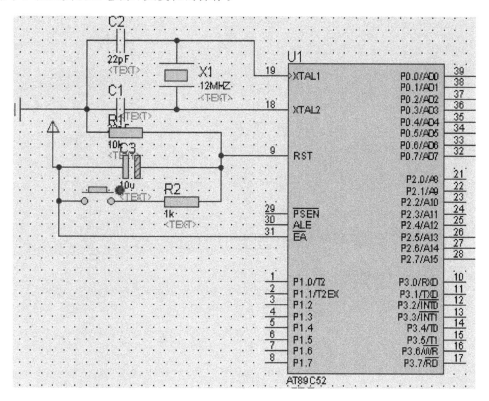

图 5-33　单片机的振荡电路和复位电路连接图

2. A/D 转换电路

A/D 转换电路主要是用来采集传感器的信号，将传感器采集的液位高度模拟信号转换为数字信号传送给单片机做相关处理。本系统采用 ADC0804 芯片，其连接电路如图 5-34 所示。

根据 ADC0804 的数据手册连接电路，引脚 VIN＋、VIN－作为模拟信号的输入端，DB0～DB7 将转换后的数字信号输入单片机的 P1 口对数据做相关处理。

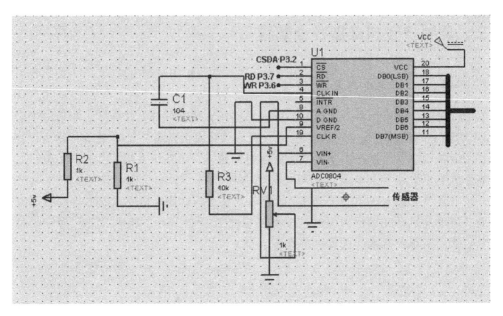

图 5-34　A/D 转换电路

项目六

转速检测系统

在工程中常常遇到对物体旋转速度的测量，通常称其为转速测量。例如在发电机、电动机、卷扬机、机床主轴等旋转设备的试验、运转和控制中，常需要分时或连续测量和显示其转速和瞬时转速。在测量物体的转速时，从理论上讲是测量物体旋转的角速度，即测量运动物体在单位时间内的转数。

转速测量的应用系统在工业生产、科技教育、民用电器等各领域的应用极为广泛。例如，计算机中的磁光盘机、硬盘，要求转速即高又稳定；出租汽车计价器计价的正确与否也与转速计量有关。在机械设备中，转速是衡量机械性能的重要技术指标。例如，应用于交通工具中的涡轮增压器、发动机，一般要求转速范围在 $0\sim100000r/min$ 之间；牙科治疗设备的转速可以达到 $100000r/min$；精密机械设备中的直流电机，转速范围的要求为 $0\sim20000r/min$；大型机械设备中减速器的转速要求是 $0\sim500r/min$。转速变化的大小决定了设备是否正常运行。转速是衡量旋转机械性能的重要参数，在很多运动系统的监测控制中，都需要对转速参数进行实时测量。测量其准确度、稳定性以及变化过程的准确性将直接影响系统的运行性能。因此，转速的精确测量对保障高速旋转机械的正常运行具有重要意义。

【学习目标】

1. 知识目标

① 掌握测量转速常用的测量方法；
② 掌握转速测量常用传感器的性能与特点；
③ 掌握转速测量电路。

2. 能力目标

根据测量范围和适用场合选择合适的转速传感器。

6.1 项目描述

许多生产线都是高度自动化的，但生产过程中的某些工序中还是需要检验员进行直观的检查。例如检查工件上的划痕、喷漆工序中的各种碎片、装配线上缺少了某些零件等。这些都可以用人的眼睛快速地进行目测检查，但是，这种检查要进行自动检测是困难且费时的。

在大批量专业化生产的工厂里，通常会使用传送带。它不仅仅是把一个工件从一个工位传送到下一个工位，同时，它们还要求在最短的中断（停歇时间）内有效地完成简单的操作过程。

要求：某中等批量生产的工厂生产三种不同类型的产品，即产品 A、产品 B 和产品 C。在每一批生产中仅生产一种产品。生产基本上是自动化的，但是每一工序中产品都必须由检验员做外观检查。前一道工序每隔 5s 自动地将一个单独的产品放在一条短的传送带上。生产系统必须留出足够的时间用于产品的检验，但时间也不能太长。传送带由一个直流电动机驱动。

如果正在生产产品 A，目测检验只需要几秒钟。对产品 B 的检验需要 1min，而对产品 C 检验需要几分钟。这就需要一个控制系统保证留出足够的时间让检验员完成对每种产品的目测检验。传送带的速度要在现场显示出来。

6.2 解决方案

可以采用一种简单的开环系统控制传送带的速度。一个基本系统将有三种设定的速度，一种速度对应一种产品。但是由于检验员工作快慢不同，以及个批量之间的产品设计不同，检验所需的时间也不同，这就需要采用一种速度可调的控制装置。

传送带设定为：在生产产品 A 时，快速运行；生产产品 B 时中速运行；生产产品 C 时慢速运行，留出足够的时间用于检验产品。这就是简单的电动机驱动传送带的速度控制，由操作人员设定。为了减少一旦机器出现事故时人员受伤的几率，还需要设计一个紧急停止按钮。许多电动机都已经设有某些速度控制和紧急停车装置。例如，电动机的转速可以通过附加一个改变电动机的电源电压的电位计来调整。

即使采用一种开环控制系统，现场检测和显示传送带的速度仍然是必要的。图 6-1 所示为推荐的开环控制系统的框图。图 6-2 所示为推荐的传送带系统。

这里，不需要闭环控制系统，因为检验员一直在监视现场情况，而且检验员能及时改变操作，因此，系统失控也不会造成很严重的后果。

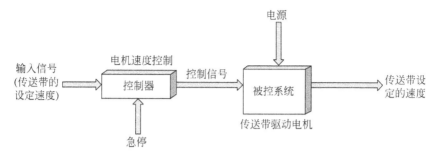

图 6-1　用于传送带速度控制的开环控制系统框图

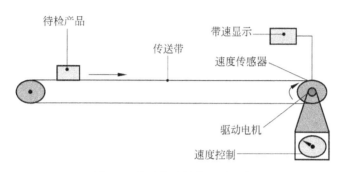

图 6-2　产品检验的传送带系统

6.3　相关知识

转速测量的方法很多，有模拟式和数字式。根据转速测量的工作方式不同有接触式转速测量法与非接触式转速测量法两类方法。前者在使用时必须与被测转轴直接接触，如离心式转速表测速法、测速发电机测速法等；后者在使用时不需要与被测转轴接触，如光电码盘测速法、霍尔开关测速法等。

一、测速发电机

测速发电机（tachogenerator）是一种检测机械转速的电磁装置。它能把机械转速变换成电压信号，其输出电压与输入的转速成正比关系，如图 6-3 所示。在自动控制系统和计算装置中通常作为测速元件、校正元件、解算元件和角加速度信号元件等。自动控制系统对测速发电机的主要要求是精确度高、灵敏度高、可靠性好等，具体为：

① 输出电压与转速保持良好的线性关系；

② 剩余电压（转速为零时的输出电压）要小；

③ 输出电压的极性和相位能反映被测对象的转向；

④ 温度变化对输出特性的影响小；

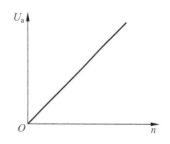

图 6-3　测速发电机输出电压与
转速的关系

⑤ 输出电压的斜率大，即转速变化所引起的输出电压的变化要大；

⑥ 摩擦转矩和惯性要小。

此外，还要求它的体积小、质量轻、结构简单、工作可靠、对无线电通信的干扰小、噪声小等。

在实际应用中，不同的自动控制系统对测速发电机的性能要求各有所侧重。例如作解算元件时，对线性误差、温度误差和剩余电压等都要求较高，一般允许在千分之几到万分之几的范围内，但对输出电压的斜率要求却不高；作校正元件时，对线性误差等精度指标的要求不高，而要求输出电压的斜率要大。

测速发电机按输出信号的形式可分为交流测速发电机和直流测速发电机两大类。交流测速发电机又有同步测速发电机和异步测速发电机两种。前者的输出电压虽然也与转速成正比，但输出电压的频率也随转速而变化，所以只作指示元件用；后者是目前应用最多的一种，尤其是空心杯转子异步测速发电机性能较好。直流测速发电机有电磁式和永磁式两种。虽然它们存在机械换向问题，会产生火花和无线电干扰，但它的输出不受负载性质的影响，也不存在相角误差，所以在实际中的应用也较广泛。

（一）直流测速发电机

1. 直流测速发电机的型式

直流测速发电机实际上是一种微型直流发电机，按励磁方式可分为以下两种型式。

（1）电磁式

表示符号如图 6-4（a）所示。定子常为二极，励磁绕组由外部直流电源供电，通电时产生磁场。目前，我国生产的 CD 系列直流测速发电机为电磁式。

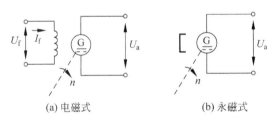

(a) 电磁式　　　　　　　　(b) 永磁式

图 6-4　直流测速发电机

（2）永磁式

表示符号如图 6-4（b）所示。定子磁极是由永久磁钢做成。由于没有励磁绕组，所以可省去励磁电源，具有结构简单、使用方便等特点，近年来发展较快。其缺点是永磁材料的价格较贵，受机械振动易发生不同程度的退磁。为防止永磁式直流测速发电机的特性变坏，必须选用矫顽力较高的永磁材料。目前，我国生产的 CY 系列直流测速发电机为永磁式。

永磁式直流测速发电机按其应用场合不同，可分为普通速度型和低速型。前者的工作转速一般在每分钟几千转以上，最高可达每分钟一万转以上；而后者一般在每分钟几百转以下，最低可达每分钟一转以下。由于低速测速发电机能和低速力矩电动机直接耦合，省去了中间笨重的齿轮传动装置，消除了由于齿轮间隙带来的误差，提高了系统的精度和刚度，因而在国防、科研和工业生产等各种精密自动化技术中得到了广泛应用。

2. 输出特性

输出特性是指输出电压 U_a 与输入转速 n 之间的函数关系。当直流测速发电机的输入转速为 n，且励磁磁通 Φ 恒定不变时，电枢感应电动势为

$$E_a = C_e\Phi n = K_e n \tag{6-1}$$

式中，$Ce = \dfrac{pN}{60a}$；

　　　p——电机的极对数；

　　　N——电枢绕组总导体数；

　　　a——支路对数；

　　　C_e——一个常数，其值由电机车身的结构参数决定；

　　　$K_e = C_e\phi$——电势导数。

空载时，电枢电流 $I_a = 0$，直流测速发电机的输出电压和电枢感应电动势相等，因而输出电压与转速成正比。

负载时，如图 6-5 所示，因为电枢电流 $I_a \neq 0$，直流测速发电机的输出电压为

$$U_a = E_a - I_a R_a - \Delta U_b \tag{6-2}$$

式中，ΔU_b——电刷接触压降；

　　　R_a——电枢回路电阻。

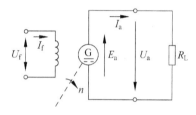

图 6-5　直流测速发电机带负载

在理想情况下，若不计电刷和换向器之间的接触电阻，即 $\Delta U_b = 0$，则

$$U_a = E_a - I_a R_a \tag{6-3}$$

显然，带有负载后，由于电阻 R_a 上有电压降，测速发电机的输出电压比空载时小。负载时电枢电流为

$$I_a = U_a / R_L \tag{6-4}$$

式中，R_L——测速发电机的负载电阻。

将式（6-4）代入式（6-3），可得

$$U_a = E_a - U_a R_a / R_L \tag{6-5}$$

化简后为

$$U_a = E_a / (1 + R_a / R_L) = C_e\Phi n / (1 + R_a / R_L) \tag{6-6}$$

可见，只要保持 Φ、R_a、R_L 不变，U_a 与 n 之间就成正比关系。当负载 R_L 变化时，将使输出特性斜率发生变化。改变转子转向，U_a 的极性随之改变。

3. 直流测速发电机的误差及减小误差的方法

实际上直流测速发电机的输出特性 $U_a = f(n)$ 并不是严格的线性特性，而与线性特性之间存在有误差。下面讨论产生误差的原因及减小误差的方法。

（1）电枢反应的影响

当直流测速发电机带负载时，负载电流流经电枢，产生电枢反应的去磁作用，使电机气隙磁通减小。因此，在相同转速下，负载时电枢绕组的感应电动势比在空载时电枢绕组的感

应电动势小。负载电阻越小或转速越高，电枢电流就越大，电枢反应的去磁作用越强，气隙磁通减小的越多，输出电压下降越显著。致使输出特性向下弯曲，如图 6-6 中虚线所示。

为了减小电枢反应对输出特性的影响，应尽量使电机的气隙磁通保持不变。通常采取以下一些措施：

① 对电磁式直流测速发电机，在定子磁极上安装补偿绕组。有时为了调节补偿的程度，还接有分流电阻，如图 6-7 所示。

② 在设计电机时，选择较小的线负荷（$A = N_c i_c / \pi D_a$）和较大的空气隙。

③ 在使用时，转速不应超过最大线性工作转速，所接负载电阻不应小于最小负载电阻。

（2）电刷接触电阻的影响

测速发电机带负载时，由于电刷与换向器之间存在接触电阻，会产生电刷的接触压降 ΔU_b，使输出电压降低。

电刷接触电阻是非线性的，它与流过的电流密度

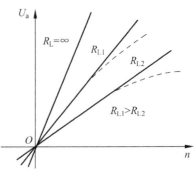

图 6-6　直流测速发电机的输出特性

有关。当电枢电流较小时，接触电阻大，接触压降也大；电枢电流较大时，接触电阻小。可见接触电阻与电流成反比。只有电枢电流较大，电流密度达到一定数值后，电刷接触压降才可近似认为是常数。考虑到电刷接触压降的影响，直流测速发电机的输出特性如图 6-8 所示。

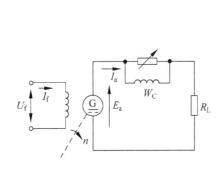

图 6-7　有补偿绕组时的接线图

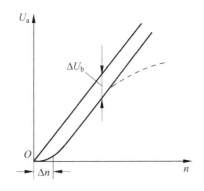

图 6-8　考虑电刷接触压降后的输出特性

由图 6-8 可见，在转速较低时，输出特性上有一段输出电压极低的区域，这一区域叫不灵敏区，以符号 Δn 表示。即在此区域内，测速发电机虽然有输入信号（转速），但输出电压很小，对转速的反应很不灵敏。接触电阻越大，不灵敏区也越大。

为了减小电刷接触压降的影响，缩小不灵敏区，在直流测速发电机中，常常采用导电性能较好的黄铜-石墨电刷或含银金属电刷。铜制换向器的表面容易形成氧化层，也会增大接触电阻，在要求较高的场合，换向器也用含银合金或者在表面渡上银层，这样也可以减小电刷和换向器之间的磨损。

当同时考虑电枢反应和电刷接触压降的影响，直流测速发电机的输出特性应如图 6-8 中的虚线所示。在负载电阻很小或转速很高时，输出电压与转速之间出现明显非线性关系。因此，在实际使用时，宜选用较大的负载电阻和适当的转子转速。

（3）电刷位置的影响

当直流测速发电机带负载运行时，若电刷没有严格地位于几何中性线上，会造成测速发电机正反转时输出电压不对称，即在相同的转速下，测速发电机正反向旋转时，输出电压不完全相等。这是因为当电刷偏离几何中性线一个不大的角度时，电枢反应的直轴分量磁通若在一种转向下起着去磁作用，而在另一种转向下起着增磁作用。因此，在两种不同的转向下，尽管转速相同，电枢绕组的感应电动势不相等，其输出电压也不相等。

（4）温度的影响

电磁式直流测速发电机在实际工作时，由于周围环境温度的变化以及电机本身发热（由电机各种损耗引起），都会引起电机中励磁绕组电阻的变化。当温度升高时，励磁绕组电阻增大。这时即使励磁电压保持不变，励磁电流也将减小，磁通也随之减小，导致电枢绕组的感应电动势和输出电压降低。铜的电阻温度系数约为 0.004/℃，即当温度每升高 25℃，其电阻值相应增加 10%。所以，温度的变化对电磁式直流测速发电机输出特性的影响是很严重的。

为了减小温度变化对输出特性的影响，通常可采取下列措施：

① 设计电机时，磁路比较饱和，使励磁电流的变化所引起磁通的变化较小。

② 在励磁回路中串联一个阻值比励磁绕组电阻大几倍的附加电阻来稳流。附加电阻可用温度系数较低的合金材料制成，如锰镍铜合金或镍铜合金，它的阻值随温度变化较小。这样尽管温度变化，引起励磁绕组电阻变化，但整个励磁回路总电阻的变化不大，磁通变化也不大。其缺点是励磁电源电压也需增高，励磁功率随之增大。

对测速精度要求比较高的场合，为了减小温度变化所引起的误差，可在励磁回路中串联具有负温度系数的热敏电阻并联网络，如图 6-9 所示。只要使负温度系数的并联网络所产生电阻的变化与正温度系数的励磁绕组电阻所产生的变化相同，励磁回路的总电阻就不会随温度而变化，因而励磁电流及励磁磁通也就不会随温度而变化。

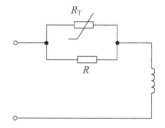

图 6-9 励磁回路中的热敏电阻并联网络

③ 励磁回路由恒流源供电，但相应的造价会提高。

当然，温度的变化也要影响电枢绕组的电阻。但由于电枢电阻数值较小，所造成的影响也小，可不予考虑。

（5）纹波的影响

实际上直流测速发电机，在 Φ 和 n 为定值时，其输出电压并不是稳定的直流电压，而总是带有微弱的脉动，通常把这种脉动称为纹波。

引起纹波的因素很多，主要是电机本身的固有结构及加工误差所引起。电枢绕组的电动势是每条支路中电枢元件电动势的叠加。由于电机中每个电枢元件的感应电动势是变化的，所以电枢电动势也不是恒定的，即存在纹波。增加每条支路中串联的元件数，可以减小纹波。但由于工艺所限，电机的槽数、元件数及换向片数不可能无限增加，所以输出电压不可避免要产生脉动。另外，由于电枢铁芯有齿有槽、气隙不均匀、铁芯材料的导磁性能各向相异等，也会使输出电压中纹波幅值上升。

电枢采用斜槽结构，可减小由于齿和槽所引起的输出电压中的高次谐波，从而减小纹波。纹波电压的存在，对于测速发电机用于速度反馈或加速度反馈系统都很不利。特别在高精度的解算装置中更是不允许。因此，实用的测速发电机在结构和设计上都采取了一定的措施来减小纹波幅值。如无槽电枢电机输出电压纹波幅值只有槽电枢电机的五分之一。

（二）交流异步测速发电机

交流测速发电机可分为同步测速发电机和异步测速发电机两大类。

同步测速发电机又分为永磁式、感应式和脉冲式三种。由于同步测速发电机感应电动势的频率随转速变化，致使负载阻抗和电机本身的阻抗均随转速而变化，所以在自动控制系统中较少采用，故本书不作进一步的介绍。

异步测速发电机按其结构可分为鼠笼转子和空心杯转子两种。它的结构与交流伺服电动机相同。鼠笼转子异步测速发电机输出斜率大，但线性度差、相位误差大、剩余电压高，一般只用在精度要求不高的控制系统中。空心杯转子异步测速发电机的精度较高，转子转动惯量也小，性能稳定。目前，我国生产的这种测速发电机的型号为CK。

1．空心杯转子异步测速发电机的结构和工作原理

空心杯转子异步测速发电机的结构与空心杯转子交流伺服电动机一样，它的转子也是一个薄壁非磁性杯，杯壁厚约为 $0.2\sim0.3\text{mm}$，通常由电阻率比较高的硅锰青铜或锡锌青铜制成。定子上嵌有空间相差 $90°$ 电角度的两相绕组，其中一相绕组为励磁绕组 W_f；另一相绕组为输出绕组 W_2。在机座号较小的电机中，一般把两相绕组都嵌在内定子上；机座号较大的电机，常把励磁绕组嵌在外定子上，把输出绕组嵌在内定子上。有时为了便于调节内、外定子的相对位置，使剩余电压最小，在内定子上还装有内定子转动调节装置。

为了减小由于磁路不对称和转子电气性能的不平衡所引起的不良影响，空心杯转子异步测速发电机通常采用四极电机。

空心杯转子异步测速发电机的工作原理，如图 6-10 所示。空心杯转子可以看成一个导条数目很多的鼠笼转子。当电机的励磁绕组加上频率为 f 的交流电压 $\dot{U}_f$，则在励磁绕组中就会有电流 $\dot{I}_f$ 通过，并在内外定子间的气隙中产生脉振磁场。脉振的频率与电源频率 f 相同，脉振磁场的轴线与励磁绕组 W_f 的轴线一致。

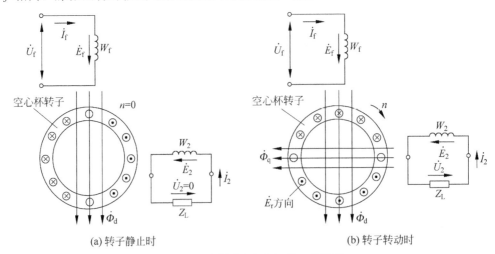

(a) 转子静止时　　　　　　　　　　　　(b) 转子转动时

图 6-10　异步测速发电机的工作原理

当转子静止（$n=0$）时，转子杯导条与脉振磁通$\dot{\Phi}_d$相匝链，并产生感应电动势。这时励磁绕组与转子杯之间的电磁耦合情况和变压器一次侧和二次侧的情况完全一样。因此，脉振磁场在励磁绕组和转子杯中分别产生的感应电动势称为变压器电动势。

若忽略励磁绕组W_f的电阻R_1及漏抗X_1，则根据变压器的电压平衡方程式，电源电压$\dot{U}_f$与励磁绕组中的感应电动势$\dot{C}_f$相平衡，电源电压的大小近似地等于感应电动势的大小，即

$$U_f \approx E_f \tag{6-7}$$

又因为$E_f \propto \Phi_d$，故

$$\Phi_d \propto U_f \tag{6-8}$$

所以电源电压U_f一定时，磁通Φ_d也基本保持不变。

由于输出绕组的轴线与励磁绕组的轴线相差90°电角度。因此，磁通$\dot{\Phi}_d$与输出绕组无匝链，不会在输出绕组中产生感应电动势，输出电压$\dot{U}_2$为零，如图6-10（a）所示。

当转子以转速n转动时，转子杯中除了上述变压器电动势外，转子杯导条切割磁通$\dot{\Phi}_d$而产生切割电动势$\dot{E}_r$（或称旋转电动势），如图6-10（b）所示。电于磁通$\dot{\Phi}_d$为脉振磁通，所以电动势$\dot{E}_r$亦为交变电动势。其交变的频率为磁通$\dot{\Phi}_d$的脉振频率f。它的大小为

$$E_r = C_2 n \Phi_d \tag{6-9}$$

式中，C_2——电动势比例常数。

若磁通$\dot{\Phi}_d$的幅值为恒定时，则电动势$\dot{E}_r$与转子的转速n成正比关系。

由于转子杯为短路绕组，电动势$\dot{E}_r$就在转子杯中产生短路电流$\dot{I}_r$，电流$\dot{I}_r$也是频率为f的交变电流，其大小正比于电动势$\dot{E}_r$。若忽略转子杯中漏抗的影响，电流$\dot{I}_r$在时间相位上与转子杯电动势$\dot{E}_r$同相位，即在任一瞬时，转子杯中的电流方向与电动势方向一致。当然，转子杯中的电流$\dot{I}_r$也要产生脉振磁通$\dot{\Phi}_q$，其脉振频率仍为f，而大小则正比于电流$\dot{I}_r$，即

$$\Phi_q \propto I_r \propto E_r \propto n \tag{6-10}$$

无论转速如何，由于转子杯上半周导体的电流方向与下半周导体的电流方向总相反，而转子导条沿着圆周又是均匀分布的。因此，转子杯中的电流$\dot{I}_r$产生的脉振磁通$\dot{\Phi}_q$在空间的方向总是与磁通$\dot{\Phi}_d$垂直，而与输出绕组W_2的轴线方向一致。$\dot{\Phi}_q$将在输出绕组中感应出频率为f的电动势$\dot{E}_2$，从而产生测速发电机的输出电压$\dot{U}_2$，它的大小正比与$\dot{\Phi}_q$，即

$$\dot{U}_2 \propto E_2 \propto \Phi_q \propto n \tag{6-11}$$

因此，当测速发电机励磁绕组加上电压$\dot{U}_f$，电机以转速n旋转时，测速发电机的输出绕组将产生输出电压$\dot{U}_2$。它的频率和电源频率f相同，与转速n的大小无关；输出电压的大小与转速n成正比。当电机反转时，由于转子杯中的电动势、电流及其产生的磁通的相位都与原来相反，因而输出电压$\dot{U}_2$的相位也与原来相反。这样，异步测速发电机就可以

很好地将转速信号变换成电压信号，实现测速的目的。

以上分析可见，为了保证测速发电机的输出电压和转子转速成严格正比关系，就必须保证磁通$\dot{\Phi}_d$为常数。实际上，由于转子杯漏抗的影响，磁通$\dot{\Phi}_d$要发生变化。另一方面，当电机中产生磁通$\dot{\Phi}_q$后，转子杯旋转时又同时切割磁通$\dot{\Phi}_q$，同样又会产生与磁通$\dot{\Phi}_d$轴线相同的磁通，使$\dot{\Phi}_d$发生变化。这些因素都将影响到测速发电机输出特性的线性度。所以，在测速发电机的结构选型和参数选择时，对上述因素都需要认真考虑。

为了解决转子漏抗对输出特性的影响，异步测速发电机都采用非磁性空心杯转子，并使空心杯的电阻值取得相当大。这样，就可完全略去转子漏阻抗的影响。同时因转子电阻增大后，也可以使转子切割磁通$\dot{\Phi}_q$所产生的与励磁绕组轴线相同的磁动势大大削弱。但是，转子的电阻值选得过大，会使测速发电机输出电压的斜率降低，电机的灵敏度下降。

此外，为了保证磁通$\dot{\Phi}_d$尽可能不变，还必须设法减小励磁绕组的漏阻抗。因为在外加励磁电源电压不变时，即使因转子磁动势引起的励磁电流变化，漏阻抗压降变化的也很小，励磁磁通$\dot{\Phi}_d$也就基本上保持不变。

2. 异步测速发电机的输出特性

在理想情况下，异步测速发电机的输出特性应是直线，但实际上异步测速发电机输出电压与转速之间并不是严格的线性关系，而是非线性的。应用双旋转磁场理论或交轴磁场理论，在励磁电压和频率不变的情况下，可得

$$U_2 = \frac{An^*}{1 + B(n^*)^2}U_f \qquad (6\text{-}12)$$

$$n^* = \frac{n}{60f/p} \qquad (6\text{-}13)$$

式中，n^*——转速的标幺值；

A——电压系数，是与电机及负载参数有关的复系数；

B——与电机及负载参数有关的复系数。

由式（6-12）可以看出，由于分母中有$B(n^*)^2$项，使输出特性不是直线而是一条曲线，如图6-11所示。造成输出电压与转速成非线性关系，是因为异步测速发电机本身的参数是随电机的转速而变化的；其次输出电压与励磁电压之间的相位差也将随转速而变化。

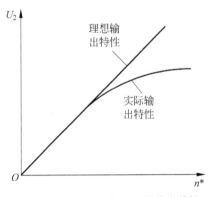

图 6-11 异步测速发电机的输出特性

此外，输出特性还与负载的大小、性质以及励磁电压的频率与温度变化等因素有关。

（三）小结

测速发电机是自动控制系统中的信号元件，它可以把转速信号转换成电气信号。

直流测速发电机是一种微型直流发电机，按励磁方式分为电磁式和永磁式两大类。在理想情况下，输出特性为一条直线，而实际上输出特性与直线有误差。引起误差的主要原因是：电枢反应的去磁作用，电刷与换向器的接触压降，电刷偏离几何中性线，温度的影响等。因此，在使用时必须注意电机的转速不得超过规定的最高转速，负载电阻不小于给定值。在精度要求严格的场合，还需要对测速机进行温度补偿。纹波电压造成了输出电压不稳定，降低了测速发电机的精度。

异步测速发电机的结构与空心杯转子交流伺服电动机完全相同。当异步测速发电机的励磁绕组产生的磁通 $\dot{\Phi}_d$ 保持不变，转子不转时输出电压为零，转子旋转时切割励磁磁通产生感应电动势和电流，建立横轴方向的磁通，在输出绕组中产生感应电动势，从而产生输出电压。输出电压的大小与转速成正比，但其频率与转速无关，等于电源的频率。理想的输出特性也是一条直线，但实际上并非如此。引起误差的主要原因是：$\dot{\Phi}_d$ 的大小和相位都随着转速而变化，负载阻抗的大小和性质，励磁电源的性能，温度以及剩余电压，其中剩余电压是误差的主要部分。

在实际中为了提高异步测速发电机的性能通常采用四极电机。为了减小误差，应增大转子电阻和负载阻抗，减小励磁绕组和输出绕组的漏阻抗，提高励磁电源的频率（采用400Hz 的中频励磁电源）。使用时电机的工作转速不应超过规定的转速范围。

二、光学编码器

光学编码器是一种集光、机、电为一体的数字化检测装置，它具有分辨力高、精度高、结构简单、体积小、使用可靠、易于维护、性价比高等优点，近十多年来，已发展为一种成熟的多规格、高性能的系列工业化产品，在数控机床、机器人、雷达、光电经纬仪、地面指挥仪、高精度闭环调速系统、伺服系统等诸多领域中得到了广泛的应用。如图 6-12 所示为光电码盘实物图。

按照工作原理，编码器可分为增量式和绝对式两类。增量式编码器（简称增量编码器）是将位移转换成周期性的电信号，再把这个电信号转变成计数脉冲，用脉冲的个数表示位移的大小。绝对式编码器（简称绝对编码器）的每一个位置对应一个确定的数字码，因此它的示值只与测量的起始和终止位置有关，而与测量的中间过程无关。

图 6-12 光电码盘实物图

（一）绝对编码器

绝对编码器是直接将角位移或线位移转换为二元码。绝对编码器的码盘采用照相腐蚀工艺，在一块圆形光学玻璃上刻有透光与不透光的码形。绝对编码器光码盘上有许多道刻线，每道刻线依次以 2 线、4 线、8 线、16 线……编排。这样，在编码器的每一个位置，通过读取每道刻线的通、暗，可获得一组从 2^0 到 2^{n-1} 的唯一的编码，这就称为 n 位绝对编码器。这样的编码器是由码盘的机械位置决定的，它不受停电、干扰的影响，没有累积误差。

1. 工作原理

用光电方法把被测角位移转换成以数字代码形式表示的电信号的转换部件称为光电码盘式传感器。如图 6-13 所示为光电码盘式传感器的工作原理示意图。

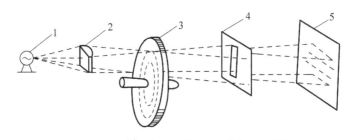

1—光源；2—柱面镜；3—码盘；4—狭缝；5—元件

图 6-13　光电码盘式传感器的工作原理示意图

图 6-13 中，光源 1 发出的光线，经柱面镜 2 后变成一束平行光照射到码盘上。码盘 3 由光学玻璃制成，其上刻有许多同心码道。每条码道上有按一定规律排列着的若干透光区和非透光区（或称亮区和暗区）。通过暗亮区的光线经狭缝 4 后，形成一束很窄的光束照射在接收元件上（光电元件），光电元件的排列与每条码道一一对应，当有光照射时，对应亮区和暗区的光电元件的输出不同，前者为"1"后者为"0"，这种信号的不同组合，反映出按一定规律编码的数字量，代表码盘转角的大小。这就是码盘将轴的转角转换成代码输出的工作过程。

2. 码盘和码制

编码器的码盘按其所用码制可分为二进制码、十进制码、循环码等。根据码盘的起始和终止位置就可确定转角，与转动的中间过程无关。

二进制码盘主要特点：

① 每个码道对应二进制数的 1 位。内层为高位，外层为低位。如图 6-14 所示 C_1 码道（共分成 $2^4=16$ 个黑白间隔）在最外层，C_4 码道（一半透光，一半不透光）在最内层。例如：假设狭缝方向如图 6-14 所示，则编码输出为 $C_4C_3C_2C_1=1110$。n 位（n 个码

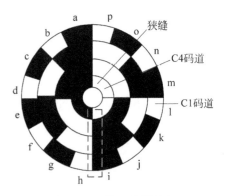

图 6-14　4 位二进制码盘

道）的二进制码盘具有 2^n 种不同编码，称其容量为 2^n，其最小分辨力 $\theta_1 = 360°/2^n$，它的最外圈角节距为 $2\theta_1$。图 6-14 中黑色、白色区域分别表示不透光和透光区。

② 二进制码为有权码，编码 C_n，C_{n-1}，…，C_1 对应于由零位算起的转角为 $\sum\limits_{i=1}^{n} C_i 2^{i-1} \theta_1$。

③ 码盘转动中，若第 K 位 C_K 变化时，则所有低于第 K 位 C_j（$j<K$）全部同时变化。

3. 二进制码盘的粗大误差及消除

（1）粗大误差产生的原因

制造码盘时要求各个码道刻划精确，彼此对准。码道任何微小的制作误差，只要有一个码道提前或延后改变，都可能造成读数的粗误差。

二进制码盘的缺点是：每个码道的黑白分界线总有一半与相邻内圈码道的黑白分界线是对齐的，这样就会因黑白分界线刻画不精确造成粗误差。采用其他有权编码时也存在类似问题。如图 6-15（a）所示为 4 位二进制码盘展开图，图中为最高位码道黑白分界线的理想位置，它与其他三位码道的黑白分界线正好对齐，当码盘从位置 h 转动到位置 i 时（如图 6-14 虚线部分所示），光束扫过分界线时，输出的二进制码由 0111 过渡到 1000 时，即由 7 变为 8 时，不会出错。如果 C_4 码道黑区太长，当码盘转动光束扫过这一区域时，输出数码就会从 0111 变为 0000 再变到 1000，中途出现了错误数码 0000。反之，若 C_4 码道黑区太短，在输出数码 0111 与 1000 之间会出现错误数码 1111。

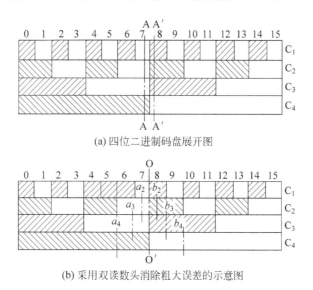

(a) 四位二进制码盘展开图

(b) 采用双读数头消除粗大误差的示意图

图 6-15 粗大误差的产生及消除示意图

（2）消除粗大误差方法

① 双读数头法，如图 6-15（b）所示。双读数头的缺点是读数头的个数增加了一倍。当编码器位数很多时，光电元件安装位置也有困难。

② 循环码代替二进制码。

4．循环码码盘

如图 6-16 是一个 4 位的循环码盘。它的特点是：

① n 位循环码码盘具有 2^n 种不同编码；

② 循环码码盘具有轴对称性，其最高位相反，其余各位相同；

③ 循环码为无权码；

④ 循环码码盘转到相邻区域时，编码中只有一位发生变化，只要适当限制各码道的制作误差和安装误差，就不会产生粗误差。由于这一原理，使得循环码盘获得了广泛的应用。

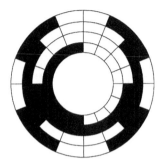

图 6-16　4 位循环码盘

5．二进制码与循环码的转换

由图 6-14 和图 6-16 可见，4 位二进制码盘和 4 位循环码盘的分辨率都是 $\theta_1 = 360°/2^n$，它们所能表示的角度 α 值共有 2^4 个，即 $\alpha = N \times \theta_1$，$N = 0, 1, 2, \cdots, 15$。十进制数、二进制码和循环码的对照关系可从表 6-1 中看出。

表 6-1　4 位二进制码与循环码的对照表

十进制数 N	二进码 $C_4 C_3 C_2 C_1$	循环码 $R_4 R_3 R_2 R_1$	十进制数 N	二进码 $C_4 C_3 C_2 C_1$	循环码 $R_4 R_3 R_2 R_1$
0	0000	0000	8	1000	1100
1	0001	0001	9	1001	1101
2	0010	0011	10	1010	1111
3	0011	0010	11	1011	1110
4	0100	0110	12	1100	1010
5	0101	0111	13	1101	1011
6	0110	0101	14	1110	1001
7	0111	0100	15	1111	1000

由表 6-1 可见，任一相邻的两组循环码，都有一位而且仅有一位码发生变化，而相邻两组二进制码却可能有多位同时变化的情况，如 0111 与 1000 后三位都从 1 变为 0，这就是图 6-15（a）所示的粗误差。这是循环码及循环码盘的优越性，但是如前所述，循环码不是有权码，它与所对应的角度不存在类似二进制码盘 $\sum_{i=1}^{n} C_i 2^{i-1} \theta_1$ 的关系。因此有

$$\left. \begin{array}{l} C_n = R_n \\ C_i = C_{i+1} \oplus R_i \\ R_i = C_{i+1} \oplus C \end{array} \right\} \tag{6-14}$$

式中，R——循环码；

　　　C——二进制码；

　　　n——常数。

① 如图 6-17 为二进制码转换为循环码的电路，图（a）为并行转换电路，图（b）为

串行转换电路。采用串行电路时，工作之前先将 D 触发器 R_D 置零，$Q＝0$，在 C_i 端送入 C_n，异或门 D_2 输出 $R_n＝C_n \oplus 0＝C_n$，随后加 C_p 脉冲，使 $Q＝C_n$；在 C_i 端加入 C_{n-1}，D_2 输出 $R_{n-1}＝C_{n-1} \oplus C_n$．，以后重复上述过程，可依次获得 R_n，R_{n-1}，…，R_1。

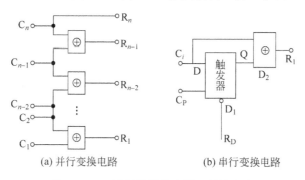

(a) 并行变换电路　　　(b) 串行变换电路

图 6-17　二进制码转换为循环码的电路

② 如图 6-18 为循环码转变为二进制码的电路，图（a）为并行转换电路，图（b）为串行转换电路。

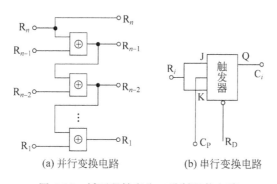

(a) 并行变换电路　　　(b) 串行变换电路

图 6-18　循环码转变为二进制码的电路

循环码是无权码，直接译码有困难，一般先转换为二进制码后再译码。

（二）增量编码器

1. 增量编码器的结构与工作原理

增量编码器又称脉冲盘式编码器，脉冲盘式数字传感器如图 6-19 所示。它的码盘比直接编码器（绝对编码器）的码盘简单得多，一般只需 3 条码道，光电器件也只要 3 个。

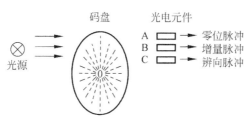

图 6-19　脉冲盘式数字传感器

码盘上最外圈码道上只有一条透光的狭缝，它作为码盘的基准位置，所产生的脉冲将给计数系统提供一个初始的零位（清零）信号；中间一圈码道称为增量码道，最内一圈码道称为辨向码道。这两圈码道都等角距地分布着 m 个透光与不透光的扇形区，但彼此错开半个扇形区即 $90°/m$，如图 6-20 所示。扇形区的多少决定了增量编码器的分辨率：

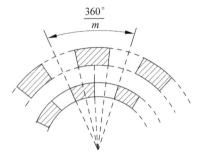

图 6-20 增量码道与辨向码道

$$\theta_1 = \frac{360°}{m}$$

码盘每转一周，与这两圈相对应的两个光电器件将产生 m 个增量脉冲和 m 个辨向脉冲。由于两圈码道在空间上彼此错开半个扇区（即 $90°/m$），所以增量脉冲与辨向脉冲在时间上相差四分之一个周期，即相位上相差 $90°$。

2. 旋转方向的辨别

将图 6-19 中 3 个光电器件产生的信号送到图 6-21 所示的辨向和技术电路，经放大整形为 3 个方波信号 Z、S_1 和 S_2。其中，Z 是零位脉冲信号，用于使可逆计数器清零；S_1 是增量脉冲信号，用于形成可逆计数器的计数脉冲；S_2 是辨向脉冲信号，用于辨别转动方向，以控制可逆计数器进行加法或减法计数。图 6-21 中各点波形如图 6-22 所示，由图 6-22 可见，当码盘正转时，与门 1 输出正脉冲，与门 2 输出 0 电平，使图 6-21 中加减控制触发器置 1，让可逆计数器进行加法计数；当码盘反转时，与门 2 输出正脉冲，而与门 1 输出 0 电平，使加减控制触发器置 0，让可逆计数器进行减法计数。这样，如果码盘转动过程中，转动方向发生过变化，那么码盘转动结束时，可逆计数器中的计数结果 N 是与正负抵消后的净转角 α 对应的。

即

$$\left. \begin{array}{l} \alpha = N \times \dfrac{360°}{m} \\[2mm] N = \dfrac{\alpha}{360°} \times m \end{array} \right\} \tag{6-15}$$

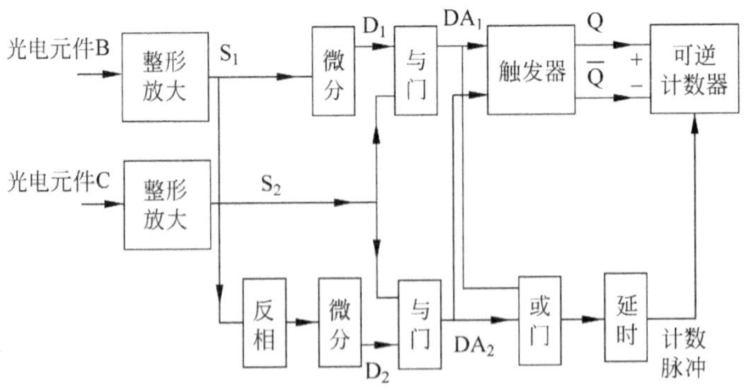

图 6-21 辨向和计数环节的电路框图

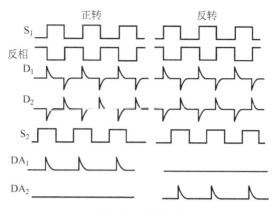

图 6-22　波形图

3. 增量式光电编码器的特点

增量式光电编码器的缺点是它无法直接读出转动轴的绝对位置信息。其优点包括：

① 原理构造简单、易于实现；

② 机械平均寿命长，可达到几万小时以上；

③ 分辨力高；

④ 抗干扰能力较强，信号传输距离较长，可靠性较高。

图 6-23 所示为采用编码器间接测量工作台位移。测量到的回转运动参数仅仅是中间值，但可由中间值推算出与之关联的移动部件的直线位移。间接测量须使用丝杠-螺母、齿轮-齿条等传动机构。

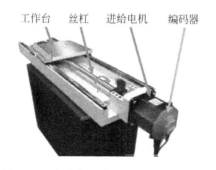

图 6-23　采用编码器间接测量工作台位移

三、霍尔效应接近传感器

（一）霍尔效应

半导体薄片置于磁场中，当有电流流过时，在垂直于电流和磁场的方向上将产生电动势，这种物理现象是美国物理学家霍尔发现的，故称为霍尔效应。相应的电动势被称为霍尔电动势，半导体薄片称为霍尔元件或霍尔片。

霍尔效应的产生是由于电荷受磁场中洛伦兹力作用的结果。如图 6-24 所示，一块长为 l，宽为 b，厚度为 d 的 N 型半导体薄片（称为霍尔基片），在与磁场垂直的半导体薄片上通以电流 I，假设载流子为电子（N 型半导体材料），它沿与电流 I 相反的方向运动，由于洛伦兹力 f_L 的作用，电子即向一侧偏转（如图中虚线方向），并使该侧形成电子的积累，与此同时，元件的横向便形成了电场，它使随后的电子在受到 f_L 作用的同时，还受到与此反向的电场力 f_E 的作用。当两力相等时，电子的积累便达到动态平衡。这时在两横端面之间建立的电场称为霍尔电场 E_H，相应的电势就称为霍尔电势 V_H。

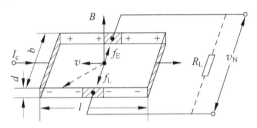

图 6-24　霍尔效应原理图

假设电子都以均一速度按图示方向运动，在磁场作用下，电子受到的洛伦兹力为

$$f_L = evB \tag{6-16}$$

式中，f_L——洛伦兹力；e——电子所带电荷量；v——电子运动速度；B——磁感应强度。

同时使其相对一侧形成正电荷积累，于是建立起一个霍尔电场 E_H。该电场对随后的运动电子施加一电场力 f_E

$$f_E = eE_H = eU_H/b \tag{6-17}$$

式中，b——霍尔片的宽度；U_H——霍尔电动势。

平衡时，$f_L = f_E$，即

$$evB = eU_H/b \tag{6-18}$$

由于电流密度 $J = -nev$，则电流强度为

$$I = -nevbd \tag{6-19}$$

式中，n——N 型半导体载流子浓度（单位体积中的电子数）；d——霍尔片的厚度。

所以，

$$U_H = \frac{IB}{ned} = R_H \frac{IB}{d} = K_H IB \tag{6-20}$$

式中，$R_H = 1/ne$——霍尔系数；

$K_H = R_H/d = 1/ned$——霍尔灵敏度。

K_H 称为元件的霍尔灵敏度，它是一个重要参数，它表示霍尔元件在单位磁感应强度和单位控制电流下的霍尔电势大小，其单位是 ［mV/（mA.G）］。一般要求 K_H 越大越好，由于金属的电子浓度很高，所以它的 R_H 或 K_H 都不大，因此不适宜作霍尔元件。此外，元件的厚度 d 越小 K_H 也越高。所以在制作时，往往都采用减少 d 的办法来增加灵敏度。但也不能认为 d 越小越好，因为元件的输入和输出电阻将会增加，这对锗元件是不希望的。

还需指出，若磁场 B 和霍尔元件平面的法线成一角度 θ，如图 6-25 所示，则作用于霍尔元件的有效磁感应强度为 $B\cos\theta$，因此

$$U_H = K_H IB\cos\theta \tag{6-21}$$

由式（6-21）可知，当控制电流换向时，输出电势方向也随之改变，对磁场也是如此；若电流与磁场同时改变方向时，霍尔电势极性不变。

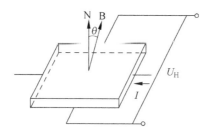

图 6-25 霍尔输出与磁场角度的关系

（二）霍尔传感器的组成与基本特性

1. 霍尔元件

霍尔元件的外形和结构如图 6-26 所示，霍尔元件是由霍尔片、四极引线和壳体组成。在霍尔片的长度方向两端面上焊有两根引线（图中 a、b 线），称为控制电流端引线，通常用红色导线。在薄片的另两侧端面的中间以点的形式对称地焊有两根霍尔输出端引线（图中 c、d 线），通常用绿色导线。霍尔组件是用非导磁金属、陶瓷或环氧树脂封装。在电路中霍尔元件可用如图 6-27 所示符号表示。

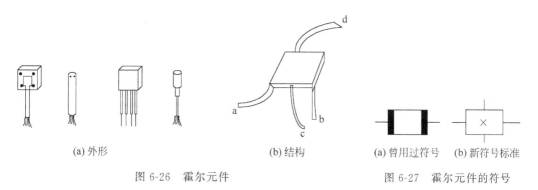

(a) 外形   (b) 结构   (a) 曾用过符号   (b) 新符号标准

图 6-26 霍尔元件   图 6-27 霍尔元件的符号

2. 霍尔元件基本特性

（1）额定控制电流

霍尔器件将因通电流而发热。使在空气中的霍尔器件产生允许温升 ΔT 的控制电流，称为额定控制电流 I_{cm}。当 $I > I_{cm}$，器件温升将大于允许温升，器件特性将变坏。一般 I_{cm} 为几毫安到几百毫安，I_{cm} 与器件所用材料和器件尺寸有关。

（2）输入电阻和输出电阻

霍尔组件控制电流极间的电阻为输入电阻 R_i，霍尔电压极间电阻为输出电阻 R_o。输入电阻和输出电阻一般为 $100 \sim 2000\Omega$，而且输入电阻大于输出电阻，但相差不太大，使用时应注意。输出电阻和输出电阻是在 $20 \pm 5℃$ 环境条件下测取。

（3）不等位电势和不等位电阻

霍尔组件在额定控制电流作用下，不加外磁场时，其霍尔电势电极间的电势为不等电位电势（也称为非平衡电压或残留电压）。它主要是由于两个电极不在同一等位面上以及材料电阻率不均匀等因素引起的。其可以用输出的电压表示，也可以空载霍尔电压 U_H 的百分数表示，一般 $U_o < 10mV$。不等位电阻 $R_o = U_o / I_{cm}$。

（4）灵敏度 K_H

灵敏度是在单位磁感应强度下，通以单位控制电流所产生的开路霍尔电压。

（5）霍尔电势温度系数

霍尔电势温度系数 α 为温度每变化 $1℃$ 时霍尔电势变化的百分率。这一参数对测量仪器十分重要，仪器要求精度高时，要选择 α 值小的组件，必要时还要加温度补偿电路。

（三）基本测量电路

图 6-28 所示为霍尔元件的基本测量电路。激励电流 I 由电压源供给，其大小可用可变电阻来调节，霍尔电压 U_H 加在负载电阻 R_L 上（R_L 代表显示仪表、记录装置或放大器的输入电阻）。由于建立霍尔效应所需时间很短（$10^{-12} \sim 10^{-14}s$），因此当激励电流采用交流时，其频率可达几千 MHz。

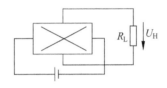

图 6-28　霍尔元件的基本测量电路

为了获得较大的霍尔输出，可采用输出叠加的连接方式。如图 6-28 所示，图（a）为直流供电情况，控制电流端并联，R_1、R_2 为可调电阻。通过调节 R_1、R_2 使两元件输出的霍尔电压相等。c、d 为输出端，它的输出值为单个元件的两倍；图（b）为交流供电情况，控制电流端串联，各元件输出端接至输出变压器一次侧绕组，变压器的二次侧便得到霍尔输出信号的叠加值。

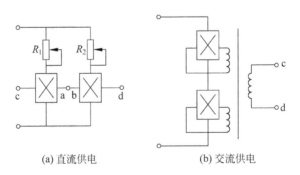

(a) 直流供电　　　　　　(b) 交流供电

图 6-29　霍尔元件输出的叠加连接

（四）基本误差和补偿

霍尔元件的基片是半导体材料，因而对温度的变化很敏感。它们的载流子浓度、电阻率、霍尔常数都是温度的函数。当温度变化时，霍尔元件的一些特性参数，如霍尔电压、输入和输出电阻等都要发生变化，从而使霍尔传感器产生温度误差。

霍尔组件的测量误差的主要来自于温度误差和零位误差，使用时要加以补偿。

1. 温度补偿

（1）分流电阻法

如图 6-30 所示恒流源温度补偿电路。当环境温度变化，输入电阻 R_i 随之变化，输入电阻影响流过它的控制电流 I_c，由公式 $U_H = K_H I_c B$ 可知，霍尔电压也发生变化。为补偿 I_c 和 K_H 随温度的变化，采用了在输入端并联电阻 R 进行补偿。测量装置采用恒流源供电，使总电流 I 保持不变。如果初始温度为 T_0，霍尔组件的输入电阻为 r_0，控制电流为 I_{c0}，霍尔组件的灵敏系数 k_{H0}。当温度升为 ΔT 时，以上参数分别改变为 r、I_c 和 K_H，并且有如下关系：

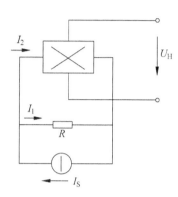

图 6-30　恒流源温度补偿电路

$$r = r_0(1 + \beta\Delta T)$$
$$K_H = K_{H0}(1 + \alpha\Delta T)$$
$$I_{c0} = IR/(r_0 + R)$$
$$I_c = IR/(r + R)$$

其中，α、β 分别为霍尔电势温度系数和输入电阻温度系数。当温度影响完全补偿时，

$$U_{Ht} = U_{Ht_0}$$

可以求得

$$R = (\beta - \alpha)r_0/\alpha$$

由上述温度补偿电路可知，补偿后的霍尔电压受温度的影响极小，而且对霍尔元件的其他性能无影响。只是由于激励电流被分流了，霍尔电压的输出稍有降低，但这可以通过增大恒流源 I_S 的数值以达到原来的霍尔电压的输出值。

（2）合理选择负载电阻

霍尔元件的输出电阻 R_0 和霍尔电势都是温度的函数（设为正温度系数），霍尔元件应用时，其输出总要接负载 R_L（如电压表内阻或放大器的输入阻抗等）。当工作温度改变时，输出电阻 R_0 的变化必然会引起负载上输出电势的变化。R_L 上的电压为 U_H 和输出电阻 R_0 都是温度的函数，因此，负载电阻 R_L 上的电压为

$$U_L = \frac{U_{H0}[1 + \alpha(t - t_0)]}{R_{o0}[1 + \beta(t - t_0)] + R_L}R_L$$

式中，R_{o0} 为温度 t_0 时的输出电阻；U_{H0} 为霍尔器件在温度 t_0 时的电压。令 $\mathrm{d}U_L/\mathrm{d}t = 0$，得

$$R_L = R_{o0}\left(\frac{\beta}{\alpha} - 1\right)$$

选取合适的电阻，可以补偿温度造成的误差。

霍尔电势的负载通常是放大器、显示器或记录仪的输入电阻，其阻抗值一定，但可用串、并联电阻的方法满足上式，此方法的缺点是传感器的灵敏度将相应有所降低。

2. 零位误差补偿

霍尔组件的零位误差主要有不等位电势 U_o，不等位电势 U_o 产生的原因是由于两个霍尔电极不可能对称地焊在霍尔片的两侧，致使两电极点不能完全位于同一等位面上。此外，霍尔片电阻率不均匀、片厚薄不均匀、控制电流极接触不良，都将使等位面歪斜，致使两霍尔电极不在同一等位面上而产生不等位电势，如图 6-31 所示。

通常采用补偿电路加以补偿。霍尔组件可等效为一个四臂电桥，当两霍尔电极在同一等位面上时，$r_1 = r_2 = r_3 = r_4$，则电桥平衡，$U_o = 0$；当两电极不在同一等位面上时（如 $r_3 > r_4$），则有 U_o 输出。可以采用图 6-31（c）所示方法进行补偿，外接电阻 R 值应大于霍尔组件的内阻，调控 R_P 可使 $U_o = 0$。

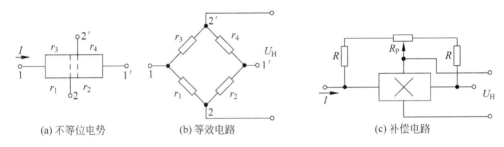

(a) 不等位电势　　　　　(b) 等效电路　　　　　　　(c) 补偿电路

图 6-31　不等位电势补偿电路

（五）集成霍尔器件

将霍尔元件及其放大电路、温度补偿电路和稳压电源等集成在一个芯片上构成独立器件——集成霍尔器件，不仅尺寸紧凑便于使用，而且有利于减小误差，改善稳定性。根据功能的不同，集成霍尔器件分为霍尔线性集成器件和霍尔开关集成器件两类。

1. 霍尔线性集成器件

霍尔线性集成器件的输出电压与外加磁场强度在一定范围内呈线性关系，它有单端输出和双端输出（差动输出）两种电路，其内部结构如图 6-32 所示。

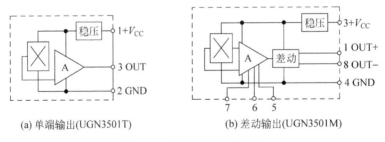

(a) 单端输出(UGN3501T)　　　　　　(b) 差动输出(UGN3501M)

图 6-32　霍尔线性集成器件

UGN3501T、UGN3501U、UGN3501M 是美国 SPRAGUN 公司生产的 UGN 系列霍尔线性集成器件的代表产品；其中 T 和 U 两种型号为单端输出，区别仅是厚度不同，T 型厚度为 2.03mm，U 型为 1.54mm，为塑料扁平封装三端元件，1 脚为电源端，2 脚为地，3 脚为输出端；UGN3501M 为双端输出 8 脚 DIP 封装，1、8 脚为输出，3 脚为电源，4 脚为地，5、6、7 脚外接补偿电位器，2 脚空。UGN 系列产品参数见表 6-2。

表 6-2　UGN3501T 与 UGN3501M 的参数

项目 符号 单位 型号	电源电压 V_{CC} V	电源电流 I_C mA	静态输出 V_o V	灵敏度 ΔV_o mv/mA·T	带宽 B_W kHz	工作温度 ℃ ℃	线性范围 B_L T	外形尺寸 mm
UGN3501T HP503	8～12 最大 16	10～20	2.5～5	3500～7000	25 (-3dB)	0～70	±0.15	4.6×4.5 ×2
UGN3501M	8～16	10～18	100～ 400mV	700°～1400°	25	0～70	0～0.3	8 脚 PID

* （注释）5、6、7 脚无电统计，有电统计时灵敏度下降

国产 CS3500 系列霍尔线性集成器件与 UGN 系列相当，可作为使用时选用。

UGN3501T 的电源电压与相对灵敏度的特性如图 6-33 所示，由图可知 U_{cc} 高时，输出灵敏度高。UGN3501T 的温度与相对灵敏度的特性如图 6-34 所示，随着温度的升高，其灵敏度下降。因此，若要提高测量精度，需在电路中增加温度补偿环节。

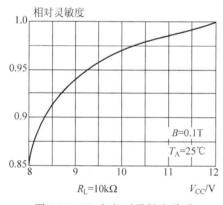

图 6-33　V_{CC} 与相对灵敏度关系

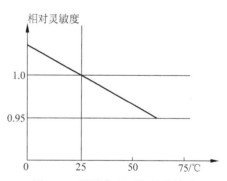

图 6-34　温度与相对灵敏度关系

UGN3501T 的磁场强度与输出电压特性如图 6-35 所示，由图可见，在 ±0.15T 磁场强度范围内，有较好的线性度，超出此范围时呈饱和状态。UGN3501 的空气间隙与输出电压特性如图 6-36 所示，由图可见，输出电压与空气间隙并不是线性关系。

UGN3501M 为差动输出，输出与磁场强度成线性。UGN3501M 的 1 和 8 两脚输出与磁场的方向有关，当磁场的方向相反时，其输出的极性也相反，如图 6-37 所示。

UGN3501M 的 5、6、7 脚接一调整电位器时，可以补偿不等位电势，并且可改善线性，但灵敏度有所下降。若允许一定的不等位电势输出，则可不接电位器。输出特性如

图 6-38 所示。

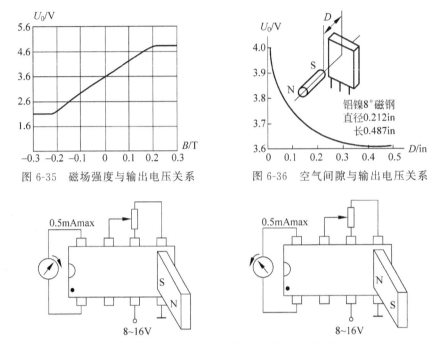

图 6-35　磁场强度与输出电压关系

图 6-36　空气间隙与输出电压关系

图 6-37　UGN3501M 的输出与磁场方向关系

若以 UGN3501M 的中心为原点，磁钢与 UGN3501M 的顶面之间距离为 D，则其移动的距离与输出的差动电压的关系如图 6-39 所示。由图可以看出，在空气间隙为零时，每移动 0.001 英寸（0.0254mm）输出为 3mV，即相当 11.8mV/mm，当采用高能磁钢（如钐钴磁钢或钕铁硼磁钢），每移动 1 英寸时，能输出 30mV，并且在一定距离内呈线性。

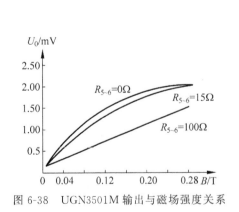

图 6-38　UGN3501M 输出与磁场强度关系

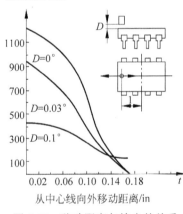

图 6-39　移动距离与输出的关系

2. 霍尔开关集成器件

常用的霍尔开关集成器件有 UGN3000 系列，其外形与 UGN3501T 相同，内部框图如图 6-40（a）所示。它由霍尔元件、放大器、施密特整形电路和集电极开路输出等部分组成。工作特性如图 6-40 (b) 所示，工作电路如图 6-40 (c) 所示。对于霍尔开关集成器件，不论是集电极开路输出还是发射极输出，其输出端均应接负载电阻，取值一般以负载电流适合参数规范为准。工作特性有一定磁滞，可以防止噪声干扰，使开关动作更可靠。B_{OP} 为工作点"开"的磁场强度，B_{RP} 为释放点"关"的磁场强度。另外还有一种"锁定型"器件，如 UGN3075/76，当磁场强度超过工作点开时，其输出导通；而在磁场撤消后，其输山状态保持不变，必须施加反向磁场并使之超过释放点，才能使其关断。其工作特性如图 6-19 (d) 所示。

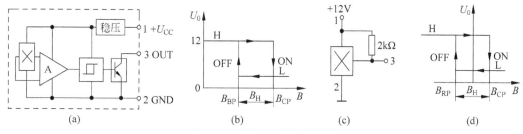

图 6-40 霍尔开关集成器件

UGN3000 系列霍尔开关集成器件的极限参数及电参数见表 6-3 和表 6-4。国产 CS3000 系列霍尔开关集成器件与 UGN3000 系列性能相当，可以选用。

表 6-3 UGN3000 型开关型霍尔传感器的极限参数　　注：$T_A = 25℃$

项目 符号 单位 型号	电源电压 V_{CC} V	磁场强度 B T	输出截止电压 V_0 (DFF) V	输出导通电流 I_{0L} mV	工作温度 T_A ℃	贮存温度 T_S ℃
UGN3020	4.5～25	不限	≤25	≤25	0～70	-60～+150
UGN3030	4.5～25	不限	≤25	≤25	-20～+85	-60～+150
UGN3075	4.5～25	不限	≤25	≤25	-20～+85	-60～+150

表 6-4 UGN3000 型开关型霍尔传感器的电参数

注：$T_A = 25℃$，$V_{CC} = 4.5～24V$

项目 符号 单位 型号	工作点 B_{OP} T	释放点 B_{RP} T	磁滞 B_H T	输出低电平 V_{OL} mV	输出漏电流 I_{OH} μA	电源电流 I_{OC} mA	输出上升时间 t_r ns	输出下降时间 t_f ns
UGN3020	0.022～0.035	0.005～0.0165	0.002～0.0055	0.0085～0.04	0.1～2.0	5～9	15	100
UGN3030	0.016～0.025	-0.025～-0.011	0.002～0.005	0.01～0.04	0.1～1.0	2.5～5	100	500
UGN3075	0.005～0.025	-0.025～-0.005	0.01～0.02	0.0085～0.04	0.2～1.0	3～7	100	200

（六）霍尔传感器的应用

由于霍尔元件对磁场的敏感作用而被广泛应用，归纳起来主要有三个方面。

当控制电流不变，使传感器处于非均匀磁场时，传感器的输出正比于磁感应强度，可反映位置、角度或励磁电流的变化。这方面的应用有磁场测量、磁场中的微位移测量、三角函数发生器等。

当控制电流与磁感应强度都为变量时，传感器的输出与这两者乘积成正比。如乘法器、功率计等属这方面的应用。

当保持磁感应强度恒定不变时，则利用霍尔电压与控制电流成正比的关系，可以做成过电流控制装置等。

由此看来，应用霍尔元件可以检测电流、磁场以及它们的相乘积，因此它广泛的用于压力、液位等参数的测量以及精确定位，在无触点发信等方面的应用也有很大的发展前途。

1. 测转速或转数

如图 6-41 所示，在非磁性材料的圆盘上粘一块磁钢，将霍尔开关型传感器放置圆盘边上（其感应面对着磁钢）。当圆盘旋转一周，霍尔传感器就输出一个脉冲，将脉冲接入频率计即可测出转速，接入计数器即可测出转数。若在圆盘外粘一圈磁钢，则可提高测试分辨率及精度。用此原理还可以制成长度仪、计程表等；若在齿轮流量泵上粘一块磁钢，则可测出流量。

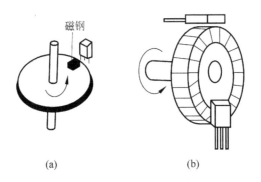

(a)　　　　　　　　　　　(b)

图 6-41　侧转速或转数示意图

2. 数字转速计和汽车点火装置

利用与上述相同的原理，可做成数字转速计和汽车点火装置，如图 6-42 所示。在汽车点火装置中，发动机主轴带动磁铁转板转动时，霍尔器件感应的磁场极性交替改变，输出一连串与汽缸活塞运动同步的脉冲信号去触发晶体管功率放大电路，使点火线圈二次绕组产生很高的感应电压，火花塞产生火花放电，完成汽缸点火过程。

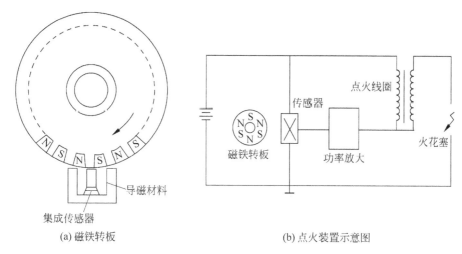

(a) 磁铁转板　　　　　　　　　(b) 点火装置示意图

图 6-42　数字转速计和汽车点火装置示意图

6.4　项目实施

1. 传感器选型

因依赖于电动机速度控制并不能准确地显示传送带的速度。这是因为随着传送带上产品质量的不同，电机的负载也不同。尽管速度控制设定在同一位置上，但是带速可能对不同的产品时快时慢。因此，需要使用传感器对其实施有效的测量。

为了检测带速，传感器安装于电机转轴或传送带之上。它的精度和灵敏度要求不高，降低成本就显得很重要。可选用的传感器如下：

① 交流测速发电机；

② 直流测速发电机；

③ 带 LED 和光检测器的光轴编码器；

④ 磁簧开关传感器

⑤ 霍尔效应接近传感器；

⑥ 变磁阻接近传感器。

若选用测速发电机，它要直接与电机转轴相接，或通过类似齿轮盘的方法与传送带相连，就成产生与速度有关的电信号。

交流测速发电机比直流测速发电机更便宜，这是本项目中选择的重要因素，而且其输出含有较少的电子干扰。直流测速发电机可指示传送带的运动方向，但本应用中并不需要。因为直流发电机的成本高，所以把它排除在外。

通过在电动机驱动轴上安装编码盘，或采用光学编码器对传送带的一边进行编码，它们能提供很高的精度。

磁簧开关传感器结构简单、成本低。本项目中可以把磁铁块镶嵌在电动机转轴上或分布在传送带的某一位置上。这样就能产生与带速成比例的脉冲信号。簧片开关与其他类型开关相比工作寿命较长，但与其他接近传感器相比，簧片的机械运动减少了它的使用寿命。它易碎，在本项目中要做防碰撞或防震保护，所以不考虑选用这类传感器。

霍尔效应接近度传感器和可变磁阻接近传感器都可以检测装在驱动轴上的齿盘的转速。本项目中转速要慢得多，特别在检验 C 产品的时候。可变磁阻传感器在低速时不能很好地工作，霍尔效应接近传感器能很好地工作，但比较昂贵。

因此，最简单便宜的带速检测方法就是使用交流测速发电机，把它直接或通过齿轮间接与驱动轴相连接。

2. 显示方式

这里有几种显示方式可选，但重点应考虑设备的简单和廉价。它应在操作员容易观察到的地方显示，同时也要让工程师们看到，在不打断检验员工作的情况下核定检验每个部件所需的时间。

用于显示带速的部分不需要是标准化的。由于带速与检验产品所花的时间有关，可选用任意的线性标尺显示。例如，显示可以是简单的从 0 到 10 的数字表示档数，每档为 1。那么，0 与传送带停止相对应，10 与最快的带速相对应。

为了保持最低的成本和最少的信号调理，最好采用模拟显示。可选用的模拟显示仪器有动圈式仪表、动铁式仪表及示波器。

动圈式仪表可以显示交流测速发电机输出信号的幅值，其幅值大小与电动机驱动轴的转速，也就是带速成比例。以带速的形式进行标度显示。这类仪表便宜，有很多规格和量程可供选择。

动铁式仪表的作用与动圈式仪表类似，但它更适合用于非线性标定，因而选用动圈式仪表更适合。

示波器可以显示交流测速发电机输出信号的波形，而波形的幅值和频率与驱动电动机转速即带速有关。示波器屏幕可参考带速进行标定。这种方法读数不如其他模拟仪表那么方便，而且比较昂贵。所以示波器不是最佳选择。

带有线性标度的动圈式仪表，为本项目提供了廉价但有效的方案，满足显示要求。

3. 调制信号和连接装置

动圈式仪表通常只能接收直流输入。因此交流旋转发电机的输出要转换为直流信号，这可由整流器完成。整流器是把交流转换为直流的廉价、简单的装置。

交流测速发电机输出波形的幅值和频率与速度成比例。最简单的方法是测量幅值并直接在动圈式仪表上显示。图 6-43 所示为本项目传送带速度检测的信号调制电路。

由于交流测速发电机有时会产生过量的电噪声，在整流器后接入了一个噪声滤波器。所选的动圈式仪表应具有较高的输入阻抗。

本应用可以采用闭环控制系统，但成本比上述讨论的开环控制方案要高。由于要求低成本，由于检验时间因产品和产量而异，检验员是控制带速的最佳人选，所以选择了开环控制方案。

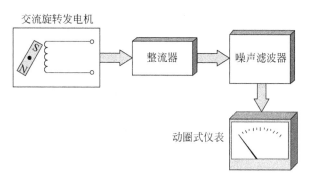

图 6-43 传送带速度检测的信号调制电路

附录 A

热电阻分度表

附表 A-1　Pt100 热电阻分度表 s

温度/℃	0	1	2	3	4	5	6	7	8	9
	电阻值/Ω									
−200	18.52									
−190	22.83	22.40	21.97	21.54	21.11	20.68	20.25	19.82	19.38	18.95
−180	27.10	26.67	26.24	25.82	25.39	24.97	24.54	24.11	23.68	23.25
−170	31.34	30.91	30.49	30.07	29.64	29.22	28.80	28.37	27.95	27.52
−160	35.54	35.12	34.70	34.28	33.86	33.44	33.02	32.60	32.18	31.76
−150	39.72	39.31	38.89	38.47	38.05	37.64	37.22	36.80	36.38	35.96
−140	43.88	43.46	43.05	42.63	42.22	41.80	41.39	40.97	40.56	40.14
−130	48.00	47.59	47.18	46.77	46.36	45.94	45.53	45.12	44.70	44.29
−120	52.11	51.70	51.29	50.88	50.47	50.06	49.65	49.24	48.83	48.42
−110	56.19	55.79	55.38	54.97	54.56	54.15	53.75	53.34	52.93	52.52
−100	60.26	59.85	59.44	59.04	58.63	58.23	57.82	57.41	57.01	56.60
−90	64.30	63.90	63.49	63.09	62.68	62.28	61.88	61.47	61.07	60.66
−80	68.33	67.92	67.52	67.12	66.72	66.31	65.91	65.51	65.11	64.70
−70	72.33	71.93	71.53	71.13	70.73	70.33	69.93	69.53	69.13	68.73
−60	76.33	75.93	75.53	75.13	74.73	74.33	73.93	73.53	73.13	72.73
−50	80.31	79.91	79.51	79.11	78.72	78.32	77.92	77.52	77.12	76.73
−40	84.27	83.87	83.48	83.08	82.69	82.29	81.89	81.50	81.10	80.70
−30	88.22	87.83	87.43	87.04	86.64	86.25	85.85	85.46	85.06	84.67
−20	92.16	91.77	91.37	90.98	90.59	90.19	89.80	89.40	89.01	88.62
−10	96.09	95.69	95.30	94.91	94.52	94.12	93.73	93.34	92.95	92.55
0	100.00	99.61	99.22	98.83	98.44	98.04	97.65	97.26	96.87	96.48
0	100.00	100.39	100.78	101.17	101.56	101.95	102.34	102.73	103.12	103.51
10	103.90	104.29	104.68	105.07	105.46	105.85	106.24	106.63	107.02	107.40
20	107.79	108.18	108.57	108.96	109.35	109.73	110.12	110.51	110.90	111.29
30	111.67	112.06	112.45	112.83	113.22	113.61	114.00	114.38	114.77	115.15
40	115.54	115.93	116.31	116.70	117.08	117.47	117.86	118.24	118.63	119.01
50	119.40	119.78	120.17	120.55	120.94	121.32	121.71	122.09	122.47	122.86
60	123.24	123.63	124.01	124.39	124.78	125.16	125.54	125.93	126.31	126.69
70	127.08	127.46	127.84	128.22	128.61	128.99	129.37	129.75	130.13	130.52

续表

温度/℃	0	1	2	3	4	5	6	7	8	9
	电阻值/Ω									
80	130.90	131.28	131.66	132.04	132.42	132.80	133.18	133.57	133.95	134.33
90	134.71	135.09	135.47	135.85	136.23	136.61	136.99	137.37	137.75	138.13
100	138.51	138.88	139.26	139.64	140.02	140.40	140.78	141.16	141.54	141.91
110	142.29	142.67	143.05	143.43	143.80	144.18	144.56	144.94	145.31	145.69
120	146.07	146.44	146.82	147.20	147.57	147.95	148.33	148.70	149.08	149.46
130	149.83	150.21	150.58	150.96	151.33	151.71	152.08	152.46	152.83	153.21
140	153.58	153.96	154.33	154.71	155.08	155.46	155.83	156.20	156.58	156.95
150	157.33	157.70	158.07	158.45	158.82	159.19	159.56	159.94	160.31	160.68
160	161.05	161.43	161.80	162.17	162.54	162.91	163.29	163.66	164.03	164.40
170	164.77	165.14	165.51	165.89	166.26	166.63	167.00	167.37	167.74	168.11
180	168.48	168.85	169.22	169.59	169.96	170.33	170.70	171.07	171.43	171.80
190	172.17	172.54	172.91	173.28	173.65	174.02	174.38	174.75	175.12	175.49
200	175.86	176.22	176.59	176.96	177.33	177.69	178.06	178.43	178.79	179.16
210	179.53	179.89	180.26	180.63	180.99	181.36	181.72	182.09	182.46	182.82
220	183.19	183.55	183.92	184.28	184.65	185.01	185.38	185.74	186.11	186.47
230	186.84	187.20	187.56	187.93	188.29	188.66	189.02	189.38	189.75	190.11
240	190.47	190.84	191.20	191.56	191.92	192.29	192.65	193.01	193.37	193.74
250	194.10	194.46	194.82	195.18	195.55	195.91	196.27	196.63	196.99	197.35
260	197.71	198.07	198.43	198.79	199.15	199.51	199.87	200.23	200.59	200.95
270	201.31	201.67	202.03	202.39	202.75	203.11	203.47	203.83	204.19	204.55
280	204.90	205.26	205.62	205.98	206.34	206.70	207.05	207.41	207.77	208.13
290	208.48	208.84	209.20	209.56	209.91	210.27	210.63	210.98	211.34	211.70
300	212.05	212.41	212.76	213.12	213.48	213.83	214.19	214.54	214.90	215.25
310	215.61	215.96	216.32	216.67	217.03	217.38	217.74	218.09	218.44	218.80
320	219.15	219.51	219.86	220.21	220.57	220.92	221.27	221.63	221.98	222.33
330	222.68	223.04	223.39	223.74	224.09	224.45	224.80	225.15	225.50	225.85
340	226.21	226.56	226.91	227.26	227.61	227.96	228.31	228.66	229.02	229.37
350	229.72	230.07	230.42	230.77	231.12	231.47	231.82	232.17	232.52	232.87
360	233.21	233.56	233.91	234.26	234.61	234.96	235.31	235.66	236.00	236.35
370	236.70	237.05	237.40	237.74	238.09	238.44	238.79	239.13	239.48	239.83
380	240.18	240.52	240.87	241.22	241.56	241.91	242.26	242.60	242.95	243.29
390	243.64	243.99	244.33	244.68	245.02	245.37	245.71	246.06	246.40	246.75
400	247.09	247.44	247.78	248.13	248.47	248.81	249.16	249.50	245.85	250.19
410	250.53	250.88	251.22	251.56	251.91	252.25	252.59	252.93	253.28	253.62
420	253.96	254.30	254.65	254.99	255.33	255.67	256.01	256.35	256.70	257.04
430	257.38	257.72	258.06	258.40	258.74	259.08	259.42	259.76	260.10	260.44
440	260.78	261.12	261.46	261.80	262.14	262.48	262.82	263.16	263.50	263.84
450	264.18	264.52	264.86	265.20	265.53	265.87	266.21	266.55	266.89	267.22
460	267.56	267.90	268.24	268.57	268.91	269.25	269.59	269.92	270.26	270.60
470	270.93	271.27	271.61	271.94	272.28	272.61	272.95	273.29	273.62	273.96
480	274.29	274.63	274.96	275.30	275.63	275.97	276.30	276.64	276.97	277.31

续表

温度/℃	0	1	2	3	4	5	6	7	8	9
	电阻值/Ω									
490	277.64	277.98	278.31	278.64	278.98	279.31	279.64	279.98	280.31	280.64
500	280.98	281.31	281.64	281.98	282.31	282.64	282.97	283.31	283.64	283.97
510	284.30	284.63	284.97	285.30	285.63	285.96	286.29	286.62	286.85	287.29
520	287.62	287.95	288.28	288.61	288.94	289.27	289.60	289.93	290.26	290.59
530	290.92	291.25	291.58	291.91	292.24	292.56	292.89	293.22	293.55	293.88
540	294.21	294.54	294.86	295.19	295.52	295.85	296.18	296.50	296.83	297.16
550	297.49	297.81	298.14	298.47	298.80	299.12	299.45	299.78	300.10	300.43
560	300.75	301.08	301.41	301.73	302.06	302.38	302.71	303.03	303.36	303.69
570	304.01	304.34	304.66	304.98	305.31	305.63	305.96	306.28	306.61	306.93
580	307.25	307.58	307.90	308.23	308.55	308.87	309.20	309.52	309.84	310.16
590	310.49	310.81	311.13	311.45	311.78	312.10	312.42	312.74	313.06	313.39
600	313.71	314.03	314.35	314.67	314.99	315.31	315.64	315.96	316.28	316.60
610	316.92	317.24	317.56	317.88	318.20	318.52	318.84	319.16	319.48	319.80
620	320.12	320.43	320.75	321.07	321.39	321.71	322.03	322.35	322.67	322.98
630	323.30	323.62	323.94	324.26	324.57	324.89	325.21	325.53	325.84	326.16
640	326.48	326.79	327.11	327.43	327.74	328.06	328.38	328.69	329.01	329.32
650	329.64	329.96	330.27	330.59	330.90	331.22	331.53	331.85	332.16	332.48
660	332.79									

附表 A-2　铂热电阻 Pt10 分度表（ITS-90）（$R_0 = 10.000\,\Omega$，$t = 0℃$）

℃	−200	−190	−180	−170	−160	−150	−140	−130	−120	−110	−100
Ω	1.852	2.283	2.710	3.134	3.5.54	3.972	4.388	4.800	5.211	5.619	6.026
℃	−90	−80	−70	−60	−50	−40	−30	−20	−10	0	
Ω	6.430	6.833	7.233	7.633	8.033	8.427	8.822	9.216	9.609	10.000	
℃	0	10	20	30	40	50	60	70	80	90	100
Ω	10.000	10.390	10.779	11.167	11.554	11.940	12.324	12.708	13.090	13.471	13.851
℃	110	120	130	140	150	160	170	180	190	200	210
Ω	14.229	14.607	14.983	15.358	15.733	16..105	16.477	16.848	17.217	17.586	17.953
℃	220	230	240	250	260	270	280	290	300	310	320
Ω	18.319	18.684	19.047	19.410	19.771	20.131	20.490	20.848	21.205	21.561	21.915
℃	330	340	350	360	370	380	390	400	410	420	430
Ω	22.268	22.621	22.972	23.321	23.670	24.018	24.364	24.709	25.053	25.396	25.738
℃	440	450	460	470	480	490	500	510	520	530	540
Ω	26.678	26.418	26.756	27.093	27.429	27.764	28.098	58.430	28.762	29.092	29.421
℃	550	560	570	580	590	600	610	620	630	640	650
Ω	29.749	30.075	30.401	30.725	31.049	31.371	31.692	32.012	32.330	32.648	32.964
℃	660	670	680	690	700	710	720	730	740	750	760
Ω	33.279	33.593	33.906	34.218	34.528	34.838	35.146	35.453	35.759	36.064	36.367
℃	770	780	790	800	810	820	830	840	850		
Ω	36.670	36.971	37.271	37.570	37.868	38.165	38.460	38.755	39.084		

附表 A-3　铜热电阻 Cu50 分度表（ITS-90）（$R_0 = 50.00\Omega$，$t = 0℃$）

℃	−50	−40	−30	−20	−10	0		
Ω	39.242	41.400	43.555	45.706	47.854	50.000		
℃	0	10	20	30	40	50	60	70
Ω	50.000	52.144	54.285	56.426	58.565	60.704	62.842	64.981
℃	80	90	100	110	120	130	140	150
Ω	67.120	69.259	71.400	73.542	75.686	77.833	79.982	82.134

附表 A-4　铜热电阻 Cu100 分度表（ITS-90）（$R_0 = 100.00\Omega$，$t = 0℃$）

℃	−50	−40	−30	−20	−10	0		
Ω	78.48	82.80	87.11	91.41	95.71	100.00		
℃	0	10	20	30	40	50	60	70
Ω	100.00	104.29	108.57	112.85	117.13	121.41	125.68	129.96
℃	80	90	100	110	120	130	140	150
Ω	134.24	138.52	142.80	147.08	151.37	155.67	156.96	164.27

附录 B

热电偶分度表

附表 B-1 铂铑 10-铂热电偶（S 型）分度表（ITS-90）

温度 /℃	0	10	20	30	40	50	60	70	80	90
	热电动势/mV									
0	0.000	0.055	0.113	0.173	0.235	0.299	0.365	0.432	0.502	0.573
100	0.645	0.719	0.795	0.872	0.950	1.029	1.109	1.190	1.273	1.356
200	1.440	1.525	1.611	1.698	1.785	1.873	1.962	2.051	2.141	2.232
300	2.323	2.414	2.506	2.599	2.692	2.786	2.880	2.974	3.069	3.164
400	3.260	3.356	3.452	3.549	3.645	3.743	3.840	3.938	4.036	4.135
500	4.234	4.333	4.432	4.532	4.632	4.732	4.832	4.933	5.034	5.136
600	5.237	5.339	5.442	5.544	5.648	5.751	5.855	5.960	6.065	6.169
700	6.274	6.380	6.486	6.592	6.699	6.805	6.913	7.020	7.128	7.236
800	7.345	7.454	7.563	7.672	7.782	7.892	8.003	8.114	8.255	8.336
900	8.448	8.560	8.673	8.786	8.899	9.012	9.126	9.240	9.355	9.470
1000	9.585	9.700	9.816	9.932	10.048	10.165	10.282	10.400	10.517	10.635
1100	10.754	10.872	10.991	11.110	11.229	11.348	11.467	11.587	11.707	11.827
1200	11.947	12.067	12.188	12.308	12.429	12.550	12.671	12.792	12.912	13.034
1300	13.155	13.397	13.397	13.519	13.640	13.761	13.883	14.004	14.125	14.247
1400	14.368	14.610	14.610	14.731	14.852	14.973	15.094	15.215	15.336	15.456
1500	15.576	15.697	15.817	15.937	16.057	16.176	16.296	16.415	16.534	16.653
1600	16.771	16.890	17.008	17.125	17.243	17.360	17.477	17.594	17.711	17.826
1700	17.942	18.056	18.170	18.282	18.394	18.504	18.612	—	—	—

附表 B-2 镍铬-镍硅热电偶（K 型）分度表

温度 /℃	0	10	20	30	40	50	60	70	80	90
	热电动势/mV									
0	0.000	0.397	0.798	1.203	1.611	2.022	2.436	2.850	3.266	3.681
100	4.095	4.508	4.919	5.327	5.733	6.137	6.539	6.939	7.338	7.737
200	8.137	8.537	8.938	9.341	9.745	10.151	10.560	10.969	11.381	11.793
300	12.207	12.623	13.039	13.456	13.874	14.292	14.712	15.132	15.552	15.974
400	16.395	16.818	17.241	17.664	18.088	18.513	18.938	19.363	19.788	20.214
500	20.640	21.066	21.493	21.919	22.346	22.772	23.198	23.624	24.050	24.476
600	24.902	25.327	25.751	26.176	26.599	27.022	27.445	27.867	28.288	28.709

续表

温度 /℃	0	10	20	30	40	50	60	70	80	90
	热电动势/mV									
700	29.128	29.547	29.965	30.383	30.799	31.214	31.214	32.042	32.455	32.866
800	33.277	33.686	34.095	34.502	34.909	35.314	35.718	36.121	36.524	36.925
900	37.325	37.724	38.122	38.915	38.915	39.310	39.703	40.096	40.488	40.879
1000	41.269	41.657	42.045	42.432	42.817	43.202	43.585	43.968	44.349	44.729
1100	45.108	45.486	45.863	46.238	46.612	46.985	47.356	47.726	48.095	48.462
1200	48.828	49.192	49.555	49.916	50.276	50.633	50.990	51.344	51.697	52.049
1300	52.398	52.747	53.093	53.439	53.782	54.125	54.466	54.807	—	—

附表 B-3　铂铑 30-铂铑 6 热电偶（B 型）分度表

温度 /℃	0	10	20	30	40	50	60	70	80	90
	热电动势/mV									
0	−0.000	−0.002	−0.003	0.002	0.000	0.002	0.006	0.11	0.017	0.025
100	0.033	0.043	0.053	0.065	0.078	0.092	0.107	0.123	0.140	0.159
200	0.178	0.199	0.220	0.243	0.266	0.291	0.317	0.344	0.372	0.401
300	0.431	0.462	0.494	0.527	0.516	0.596	0.632	0.669	0.707	0.746
400	0.786	0.827	0.870	0.913	0.957	1.002	1.048	1.095	1.143	1.192
500	1.241	1.292	1.344	1.397	1.450	1.505	1.560	1.617	1.674	1.732
600	1.791	1.851	1.912	1.974	2.036	2.100	2.164	2.230	2.296	2.363
700	2.430	2.499	2.569	2.639	2.710	2.782	2.855	2.928	3.003	3.078
800	3.154	3.231	3.308	3.387	3.466	3.546	2.626	3.708	3.790	3.873
900	3.957	4.041	4.126	4.212	4.298	4.386	4.474	4.562	4.652	4.742
1000	4.833	4.924	5.016	5.109	5.202	5.2997	5.391	5.487	5.583	5.680
1100	5.777	5.875	5.973	6.073	6.172	6.273	6.374	6.475	6.577	6.680
1200	6.783	6.887	6.991	7.096	7.202	7.038	7.414	7.521	7.628	7.736
1300	7.845	7.953	8.063	8.172	8.283	8.393	8.504	8.616	8.727	8.839
1400	8.952	9.065	9.178	9.291	9.405	9.519	9.634	9.748	9.863	9.979
1500	10.094	10.210	10.325	10.441	10.588	10.674	10.790	10.907	11.024	11.141
1600	11.257	11.374	11.491	11.608	11.725	11.842	11.959	12.076	12.193	12.310
1700	12.426	12.543	12.659	12.776	12.892	13.008	13.124	13.239	13.354	13.470
1800	13.585	13.699	13.814	—	—	—	—	—	—	—

附表 B-4　镍铬-铜镍（康铜）热电偶（E 型）分度表

温度 /℃	0	10	20	30	40	50	60	70	80	90
	热电动势/mV									
0	0.000	0.591	1.192	1.801	2.419	3.047	3.683	4.329	4.983	5.646
100	6.317	6.996	7.683	8.377	9.078	9.787	10.501	11.222	11.949	12.681
200	13.419	14.161	14.909	15.661	16.417	17.178	17.942	18.710	19.481	20.256
300	21.033	21.814	22.597	23.383	24.171	24.961	25.754	26.549	27.345	28.143
400	28.943	29.744	30.546	31.350	32.155	32.960	33.767	34.574	35.382	36.190

续表

温度 /℃	0	10	20	30	40	50	60	70	80	90
	热电动势/mV									
500	36.999	37.808	38.617	39.426	40.236	41.045	41.853	42.662	43.470	44.278
600	45.085	45.891	46.697	47.502	48.306	49.109	49.911	50.713	51.513	52.312
700	53.110	53.907	54.703	55.498	56.291	57.083	57.873	58.663	59.451	60.237
800	61.022	61.806	62.588	63.368	64.147	64.924	65.700	66.473	67.245	68.015
900	68.783	69.549	70.313	71.075	71.835	72.593	73.350	74.104	74.857	75.608
1000	76.358	—	—	—	—	—	—	—	—	—

附表 B-5　铁-铜镍（康铜）热电偶（J 型）分度表

温度 /℃	0	10	20	30	40	50	60	70	80	90
	热电动势/mV									
0	0.000	0.507	1.019	1.536	2.058	2.585	3.115	3.649	4.186	4.725
100	5.268	5.812	6.359	6.907	7.457	8.008	8.560	9.113	9.667	10.222
200	10.777	11.332	11.887	12.442	12.998	13.553	14.108	14.663	15.217	15.771
300	16.325	16.879	17.432	17.984	18.537	19.089	19.640	20.192	20.743	21.295
400	21.846	22.397	22.949	23.501	24.054	24.607	25.161	25.716	26.272	26.829
500	27.388	27.949	28.511	29.075	29.642	30.210	30.782	31.356	31.933	32.513
600	33.096	33.683	34.273	34.867	35.464	36.066	36.671	37.280	37.893	38.510
700	39.130	39.754	40.382	41.013	41.647	42.288	42.922	43.563	44.207	44.852
800	45.498	46.144	46.790	47.434	48.076	48.716	49.354	49.989	50.621	51.249
900	51.875	52.496	53.115	53.729	54.341	54.948	55.553	56.155	56.753	57.349
1000	57.942	58.533	59.121	59.708	60.293	60.876	61.459	62.039	62.619	63.199
1100	63.777	64.355	64.933	65.510	66.087	66.664	67.240	67.815	68.390	68.964
1200	69.536	—	—	—	—	—	—	—	—	—

附表 B-6　铜-铜镍（康铜）热电偶（T 型）分度表

温度 /℃	0	10	20	30	40	50	60	70	80	90
	热电动势/mV									
−200	−5.603	—	—	—	—	—	—	—	—	—
−100	−3.378	−3.378	−3.923	−4.177	−4.419	−4.648	−4.865	−5.069	−5.261	−5.439
0	0.000	0.383	−0.757	−1.121	−1.475	−1.819	−2.152	−2.475	−2.788	−3.089
0	0.000	0.391	0.789	1.196	1.611	2.035	2.467	2.980	3.357	3.813
100	4.277	4.749	5.227	5.712	6.204	6.702	7.207	7.718	8.235	8.757
200	9.268	9.820	10.360	10.905	11.456	12.011	12.572	13.137	13.707	14.281
300	14.860	15.443	16.030	16.621	17.217	17.816	18.420	19.027	19.638	20.252
400	20.869	—	—	—	—	—	—	—	—	—

参 考 文 献

[1] 苏家健. 自动检测与转换技术. 2 版 [M]. 北京：电子工业出版社，2009.

[2] 周杏鹏，仇国富，王寿荣，操家顺. 现代检测技术 [M]. 北京：高等教育出版社，2004.

[3] 张优云，陈花玲. 现代机械测试技术 [M]. 北京：电子工业出版社，2005.

[4] 丁炜，于秀丽. 过程检测及仪表 [M]. 北京：北京理工大学出版社，2010.

[5] 沃晓丹. 染色温度控制系统设计 [M]. 哈尔滨理工大学硕士学位论文，2013.

[6] 黄鹤松，刘志成，赵文昌，季海明. 矿车轨道称重装置的设计 [M]. 煤矿安全，2012.

[7] 桑敏. 煤矿轨道矿车称重系统的设计 [J]. 山东科技大学硕士学位论文，2011.

[8] （英）Peter Elgar 著. 同长虹，冯德虎，张敏华译. 测控传感器 [M]. 北京：机械工业出版社，2008.

[9] 杨继生，刘芬. 霍尔传感器 A44E 在车轮测速中的应用研究 [J]. 电子测量技术，2009.

[10] 邰艳芳. 摩托车用霍尔效应转速传感器的研究与开发 [J]. 天津大学硕士学位论文，2008.

[11] 陈花玲. 机械工程测试技术. 2 版 [M]. 北京：机械工业出版社，2008.

[12] 孙传友，翁惠辉. 现代检测技术及仪表 [M]. 北京：高等教育出版社，2006.

[13] 申忠如，郭福田，丁晖. 现代测试技术与系统设计 [M]. 西安：西安交通大学出版社，2006.

[14] 王廷林，闫旭，刘国民. AD654 型 V_F 变换器的原理及应用 [J]. 世界电子元器件，2003.

[15] 何道青. 传感器与传感器技术. 2 版 [M]. 北京：科学出版社，2008.

[16] 姜勇. 时差法超声波流量计设计与研发 [J]. 浙江大学硕士学位论文，2006.

[17] 刘杰. 基于时差法的超声波流量计设计 [J]. 哈尔滨工程大学硕士学位论文，2010.

[18] 李敏，夏继军. 传感器应用技术 [M]. 北京：人民邮电出版社，2011.